DISSERTATION
SUR LE CAFÉ;

Son Historique, ses Propriétés, et le Procédé pour en obtenir la boisson la plus agréable, la plus salutaire et la plus économique;

PAR ANT.-ALEXIS CADET-DE-VAUX,

Membre des Sociétés d'Agriculture de la Seine, de Seine et Oise, etc.; Académiques des Sciences, etc. du Haut-Rhin; des Sciences et Arts des Deux-Sèvres; des Sciences, Arts et Belles-Lettres de Dijon; des Sciences, Lettres et Arts de Nancy, etc.; du Lycée du Gard; d'Académies et Sociétés savantes étrangères.

SUIVIE

DE SON ANALYSE;

PAR CHARLES-LOUIS CADET, *Pharmacien ordinaire de* S.M. l'Empereur, *Membre de la Société de Médecine de Paris, Professeur de Chimie.*

> Et je crois, du Génie éprouvant le réveil,
> Boire, à chaque goutte, un rayon du Soleil.
> Delille.

A PARIS.

1807.

DISSERTATION

SUR LE CAFÉ.

SE TROUVE

CHEZ L. COLAS, IMPRIMEUR-LIBRAIRE
DE LA SOCIÉTÉ POUR L'INSTRUCTION ÉLÉMENTAIRE,
RUE DAUPHINE, N°. 32.

DISSERTATION SUR LE CAFÉ.

OBSERVATIONS PRÉLIMINAIRES.

On a publié, à diverses époques, des dissertations intéressantes sur le café; Voyageurs, Botanistes, Médecins, ont tour à tour traité de son histoire, de sa culture, de ses propriétés.

L'adoption du café, dans les quatre parties du monde, en ayant fait une branche considérable de commerce et de revenu public, les écrivains qui se livrent à cette partie de l'économie, ont également dû s'en occuper sous ce double rapport.

Il n'y a que l'économie domestique qu'on semble avoir négligée, en ne la dirigeant pas dans la préparation de cette boisson. Or c'est pour elle que j'écris cette dissertation ; elle a pour objet de *faire le café le meilleur, de la manière la plus simple et en même tems la plus économique*, conditions qui s'allient assez ordinairement.

Quoiqu'on paraisse dispensé de recourir à des précautions oratoires quand on s'occupe d'objets de cette nature, cependant il faut, pour ainsi dire, se justifier de faire descendre la science de ses hauteurs à ce qui n'est que bon et utile, comme si la science pouvait avoir une plus noble application : disons donc, pour notre justification, que l'économie domestique est la première des vertus, en même tems que la première des sciences. Ce rang, les philosophes de l'antiquité, Horace, Xénophon, etc., etc., le lui assignent en raison de l'influence qu'elle exerce sur la prospérité de la maison, les besoins et les jouissances de la famille.

Si notre bon *Olivier de Serres* eût connu le café, et que, dans son immortel ouvrage, il en eût décrit la préparation, de même qu'il y a décrit celle des confitures, des ratafias, etc., c'est *la demoiselle aînée de la famille* qu'il eût chargée de le faire; mais d'autres tems, d'autres mœurs: alors le *ménage* de la maison était l'appanage des jeunes personnes bien nées, et souvent cette science constituait la seule dot qu'elles apportassent en mariage.

D'ailleurs l'économie doit en tout rechercher le mieux, comme étant le plus profitable. La mauvaise confiture, le méchant ratafia, le café mal fait, qui a bouilli et dont le marc rebout, tout cela exige plus de tems, plus de combustible, et revient beaucoup plus cher.

Le café est devenu autant un besoin qu'une jouissance; il est doué de propriétés que nulle autre substance ne partage avec lui, propriétés sur lesquelles influe tellement la manière de le préparer, que nous n'hésitons point à faire ce nouveau présent à l'économie.

Nous nous permettrons même quelques détails de sensualité, pour le sexe qui cherche dans le café ce que l'homme cherche dans l'usage des liqueurs spiritueuses ; pour ceux encore qui, ayant une constitution délicate, attachent plus de prix au raffinement du goût ; pour le petit nombre enfin de femmes qui savent mettre leurs jouissances dans celles d'autrui. Que l'épouse, la fille, la maîtresse de maison puissent désormais offrir à leur mari, à leur père, à leur convive, le café le plus savoureux, le plus salutaire, en même tems que le plus économique.

La préparation du café est, en France, un art vraiment nouveau, puisqu'il ne date que du dernier siècle. A ce titre la chimie aurait dû la perfectionner dès son origine ; car les *Lemery*, les *Charas*, les *Geoffroy* existaient. Cependant cet art a débuté avec ce caractère constant d'imperfection attaché à tout art ancien, par la raison qu'en adoptant le café, on a, en même tems, adopté la préparation de cette boisson telle qu'elle avait lieu dans le climat où il croît ; et si, depuis, on a successivement essayé tant de manières diverses, toutes, sans exception, sont plus ou moins vicieuses.

Quel art cependant était plus du ressort de la chimie que celui-ci, puisqu'il s'agit d'un végétal doué de principes qui n'appartiennent, pour ainsi dire, qu'à lui seul; qui exige la torréfaction, l'infusion, un procédé, un appareil vraiment chimiques; car pour l'ébullition, elle doit être irrévocablement exclue comme destructive de ces mêmes principes si faciles à extraire, et sur-tont si faciles à se décomposer ?

L'économie n'aura donc pas inutilement invoqué le concours de la science, avec laquelle elle a déjà contracté de si grandes obligations : c'est la chimie qui va présider à la préparation du café, et fixer le procédé que nous indiquerons. Nous opposerons à l'empire de l'habitude tout ce que la théorie, l'analyse et l'expérience ont d'imposant.

L'économie domestique est disposée à accueillir, sur la préparation du café, les améliorations qu'on lui propose, témoin la chausse, et, tout récemment, le procédé ingénieux et simple de l'appareil de *Belloy*. Il n'en est pas de même de l'économie commerciale ; elle n'a rien changé à sa manière de faire le café ; mais bientôt elle se trouvera contrainte d'adopter la préparation que nous indiquons ; car il y aura une telle différence entre le café *bourgeois* et le café *du commerce*, que le goût du public commandera le perfectionnement de cette partie de l'art du limonadier.

Le prix actuel des denrées coloniales semblait imposer à un ami de l'économie, l'obligation de fixer enfin un procédé qui diminuât la consommation du café et du sucre ; le renchérissement de ces deux objets de nécessité doit faire rentrer désormais la préparation du café dans la surveillance active et personnelle d'une maîtresse de maison.

Si nous voulions anticiper sur ce qui ne doit être que le résultat de cette Dissertation, nous dirions que *cette économie du café et du sucre est du tiers à moitié ;* sans compter la beauté de la robe du café, son parfum, son goût plus exquis que par aucun autre procédé ; et l'on ne sera pas peu étonné de voir que cette réunion de qualités dépend de deux circonstances bien légères ; savoir : la matière de l'appareil et le degré de chaleur de l'eau ; c'est cela seul qui fait le point de perfection. Rien de plus littéralement vrai que cette expression : *le point de perfection ;* en effet la perfection en tout n'occupe qu'un point dans le cercle de l'objet.

Nous donnerons quelques détails préalables sur l'historique du café. Nous traiterons aussi de ses propriétés, parce qu'il nous paraît ntile et nécessaire de prouver qu'il y a peu de constitutions auxquelles le café ne convienne.

L'analyse du café devant répandre le plus grand jour sur le mode de le préparer, sur la nature des ustensiles qu'on y emploie ; elle précédera ce qui est relatif à sa préparation.

Cette analyse avait été précédemment faite par l'auteur du *nouveau Dictionnaire de chimie*, comme objet particulier de recherche ; mais la circonstance du travail que je me disposais à publier, l'a engagé à refaire cette analyse et à la compléter : élève de son Père, et depuis de MM. *Fourcroy* et *Vauquelin*, la partie analytique lui est très-familière.

HISTOIRE DU CAFÉ.

CAFÉ, c'est le nom du grain ; *caféyer* ou *cafier*, celui de l'arbre ; *caféterie*, est la plantation. Il y a plusieurs espèces de café ; mais le plus célèbre est le café arabique, *Coffea arabica Linnæi*, du nom de l'Arabie, contrée où il croît.

C'est un arbrisseau, ou plutôt un arbre ; car il s'élève jusqu'à vingt-cinq pieds. De l'aisselle de la plupart des feuilles sortent de petits groupes de fleurs au nombre de quatre ou cinq, soutenues par un court pédoncule, ayant à peu près la figure et le volume des fleurs du jasmin d'Espagne ; aussi les Botanistes l'ont-ils rangé dans cette famille. La fleur du café passe vîte, elle a une odeur douce et agréable, et se trouve remplacée par une espèce de baie qui a l'apparence d'une cerise, et qui, dans les Antilles, porte le nom de cerise de café. Elle est d'un rouge obscur lors de sa parfaite maturité, ronde ou ovale, et présente deux fêves ou graines accollées, qui sont le grain du café.

C'est vers la fin du quinzième siècle qu'on a commencé à cueillir le café en Arabie. Ce n'est pas la seule contrée qui le produise ; il est connu de tems immémorial dans la haute Ethiopie, où il est cultivé avec succès. C'est l'opinion de l'abbé *Raynal*, dans son *Histoire philosophique des deux Indes*. Il est plus gros, plus alongé, moins vert, et presqu'aussi parfumé que celui de l'Arabie.

Le caféyer réussit très-bien dans les pays situés entre les tropiques ou dans leur voisinage. On le cultive avec succès à Batavia, aux îles de France et de Bourbon, dans les Guyanes française et hollandaise, ainsi que dans toutes les Antilles. Mais l'Arabie est depuis long-tems en possession du meilleur café connu. C'est principalement dans le royaume d'Yémen, où est situé le canton de Moka, que se trouvent les grandes caféteries, et l'analyse ajoute aux motifs de préférence dont il est en possession. Il s'exporte annuellement de l'Arabie heureuse plus de douze millions pesant de café.

On cueille le café quand la cerise ou baie est mûre. On en retire les grains et on jette la pulpe, ou bien on la fait fermenter dans des tonneaux pour la distiller ensuite et en retirer une liqueur spiritueuse analogue au rhum, et très-remarquable par un parfum qui indique son origine. On doit ce procédé économique à M. *Tussac*, colon réfugié de Saint-Domingue. (Voyez *Annales du Muséum*. 36e cahier, page 472.) Ce même colon a inventé une machine simple et ingénieuse pour sécher ce grain au moment de sa récolte. Dans les caféteries on employait pour cela des étuves où l'on répandait le café sur des claies. Mais il fallait six semaines pour obtenir bien sèche une quantité de café, que M. *Tussac* dessèche en trois jours dans un vaste cylindre fait comme une cage en fil d'archal. Ce cylindre, qu'il nomme *kilu*, est traversé par un axe et contient des cloisons également en fil d'archal. Une manivelle le met en rotation dans l'étuve, et le grain roulant de cloison en cloison, présente toutes ses faces à un air chaud qui dissipe promptement son humidité.

Ce sont les Orientaux qui nous ont transmis l'usage du café. Des bergers, dit-on, avaient remarqué l'effet que produisait sur leurs troupeaux le fruit du caféyer ; il les rendait plus vifs, les tenait éveillés.

Cet effet engagea le supérieur d'un monastère d'Arabie à faire prendre une infusion de café à ses moines, pour les tirer du sommeil qui les tenait assoupis aux offices de la nuit; ou ce fut un Mollach qui, le premier, eut recours à cette boisson, dans la vue de se délivrer d'un assoupissement continuel qui ne lui permettait pas de vaquer à ses prières nocturnes. Ses derviches l'imitèrent ; leur exemple entraîna les gens de la loi, parce qu'on supposait que cette boisson égayait l'esprit et dissipait les pesanteurs de l'estomac. L'usage du café s'étendit des bords de la mer Rouge à Médine, à la Mecque, et dans tous les pays Mahométans. Déjà il était en usage, et depuis long-tems, en Afrique ainsi que dans la Perse.

Bientôt dans les principales villes de ces contrées, on imagina d'établir des maisons publiques où se distribuait le café. En Perse, elles devinrent comme chez nous, un asyle honnête pour les gens oisifs, et un lieu de délassement pour les hommes occupés. Les politiques s'y entretenaient de nouvelles ; les poëtes y récitaient leurs vers, et les mollachs leurs sermons.

A Constantinople, cette fréquentation des cafés ne tarda pas à alarmer le gouvernement et la religion. Aussi, sous le règne d'*Amurat III*, le mufti obtint que les cafés fussent fermés ; mais l'usage de cette boisson se maintint dans l'intérieur des familles. Cependant un penchant irrésistible triompha de cette sévérité, les cafés furent rouverts, et ils s'étaient multipliés, lorsque le grand-visir, *Koproli*, les supprima de nouveau pendant la guerre de Candie, sous la minorité de *Mahomet IV*. Enfin, en 1525, un cheik de la loi prêcha hautement contre cette boisson ; alors les têtes s'échauffèrent et les partis en vinrent aux mains ; mais le commandant de la ville assembla les docteurs ; il y eut une longue discussion, que le commandant termina par faire servir du café, dont tous burent, et il leva la séance sans proférer un seul mot. Cette mesure rétablit la tranquillité. C'est ainsi que l'usage du café a été adopté universellement dans l'Orient, et s'y est perpétué malgré les lois et l'austérité de la religion, réunies pour le proscrire.

La préparation de cette boisson est un département très-étendu au Sérail. Il y a des kahveghi, *officiers du café*, dont chacun préside vingt ou trente battagis, qui sont des employés chargés de préparer cette liqueur. Le café ne s'était pas introduit sans moins de difficulté au Caire, et il y avait également excité des troubles.

C'est en 1554, sous le règne de *Soliman-le-Grand*, que le café avait pris crédit à Constantinople, et ce ne fut qu'environ un siècle après qu'on l'adopta à Londres et à Paris (1).

Son introduction, en Angleterre, éprouva, sous *Charles II*, les mêmes difficultés qu'elle avait éprouvées en Turquie sous *Amurat* et *Mahomet*. Aussi en 1675 on y supprima les Cafés comme des séminaires de sédition.

En France, l'établissement de ces lieux publics se fit et s'y maintint paisiblement. En 1669, *Soliman Aga*, passa un an à Paris ; il avait fait goûter du café à un grand nombre de personnes qui, après son départ, en continuèrent l'usage (2).

Le premier Café fut établi à la foire Saint-Germain, par un Arménien, en 1672. Le second Café s'ouvrit au quai de l'Ecole ; ce dernier était fréquenté par des chevaliers de Malte et des étrangers ; le prix de la tasse de café, à cette époque, était de deux sols six deniers. On cite comme le troisième établissement de ce genre celui de la rue Saint-André, en face du pont Saint-Michel. Il fut décoré de glaces et de tables de marbre.

On ne connaissait alors que le café d'Arabie ; mais les Hollandais transportèrent le caféyer de Moka à Batavia ; et bientôt on le cultiva dans les serres à Amsterdam, ainsi qu'à Paris dans celles du Jardin du Roi, où le premier pied avait été apporté par M. *Bessons*, officier d'artillerie ; mais

---

(1) Un marchand nommé *Edouard* en introduisit l'usage à Londres en 1625.

(2) Le café avait déjà été apporté à Marseille en 1644, par un Vénitien nommé *Pietro del Valle*.

cet arbuste ayant péri, le bourguemestre d'Amsterdam envoya, en 1714, à Louis XIV, un caféyer qui est devenu le père des premières plantations de café dans nos îles d'Amérique.

En 1716, de jeunes plants, élevés des graines de ce pied, furent confiés au docteur Isemberg, pour les transporter dans nos colonies des Antilles; mais ce médecin mourut, peu de tems après son arrivée, et cette première tentative devint infructueuse.

C'est à M. *de Clieux* que les îles ont l'obligation d'avoir formé de nouveau, en 1720, le projet de les enrichir de cette culture. Cet officier, enseigne de vaisseau, se procura, par le crédit de M. *Chirac*, médecin, un jeune pied de caféyer, élevé de graines au Jardin du Roi; il le transporta à la Martinique. Dépositaire de cette plante précieuse, M. de Clieux s'embarqua sur un vaisseau marchand. La traversée ayant été fort longue, la ration d'eau se trouva tellement diminüée, qu'il en fut refusé pour l'arrosement du caféyer; en sorte que M. de Clieux fut obligé de partager, avec cet objet de sa sollicitude, la faible portion d'eau qu'on lui délivrait. La plante n'en avait pas moins prodigieusement souffert: elle ressemblait à une marcotte d'œillet.

Arrivé dans la colonie ce dépôt si précieux fut planté, gardé à vue, car on avait cherché à le dérober; on l'environna d'une palissade et une garde y fut établie jusqu'à l'époque de sa maturité. Il rapporta deux livres de grains, que M. de Clieux distribua aux propriétaires qu'il crut disposés à donner les soins convenables à la prospérité de cette plante. La première récolte fut très-abondante et la seconde put en étendre prodigieusement la culture. Mais ce qui favorisa singuliérement son extension fut la destruction de tous les cacaotiers du pays, suite de la plus horrible des tempêtes, qui déracina les plantations de cet arbre, ressource de deux mille habitans. Ces terrains furent tous semés de café qui réussit parfaitement, et dès-lors les planteurs en envoyèrent à Saint-Domingue, à la Guadeloupe et aux îles adjacentes; depuis il a été cultivé avec le plus grand succès.

C'est à peu près à cette époque (en 1720), que le café fut apporté à Cayenne par un transfuge du pays, qui, dans l'intention d'y rentrer, contracta l'engagement d'apporter de la colonie hollandaise de Surinam des graines en état de germer, malgré les peines rigoureuses portées contre un pareil délit. On sait combien peu les Hollandais étaient alors communicatifs. Les épiceries de Ceylan ont été des conquêtes, ou plutôt des rapts faits à cette nation; c'est ainsi que l'Ile-de-France a été peuplée de gérofle. Les graines de café de notre transfuge furent remises à M. d'*Albon*, commissaire ordonnateur de la marine à Cayenne, qui les éleva et les eut bientôt propagées.

C'est de Moka (3) que l'île de Bourbon a tiré ses premiers plants, qui y furent envoyés, en 1717,

---

(3) Moka est comptoir où se vend le café, mais on le cultive à *Beith-el-Fag'hi*, à deux lieues au Nord-Est de Moka.

par la compagnie des Indes. Il n'en était resté, en 1720, qu'un seul pied, mais dont heureusement le produit fut tel cette année là, que l'on mit en terre environ quinze mille fêves de café (4).

Observons que voilà la plus abondante source de prospérité coloniale dont la France est redevable à l'amour de la science, à la conquête que la botanique a tentée en élevant ce nouveau végétal à Paris pour le transporter en Amérique. Ce sont tous hommes libéraux, un médecin, un officier d'artillerie, enseigne de vaisseau, un commissaire ordonnateur qui ont, par leur zèle, fait la fortune de quelques milliers de commerçans et sur-tout de planteurs, dont un bien petit nombre a connu le nom de *Clieux*. Aucun n'a conçu l'idée d'élever un monument à sa gloire et à l'endroit même où fut transplanté ce caféyer, le premier de tous, qui, si chétif, mais protégé par tant de soins et de surveillance, devait étendre si rapidement ce bienfait.

Ce qui est relatif à la culture du café, et à son histoire botanique paraît étranger à notre objet ; nous allons passer à ses propriétés.

---

(4) Ces détails sont tirés d'une excellente Dissertation sur la culture du café par M. *Fusée Aublet*, qui fait suite à un Traité du café par M. *B. Mozeley*, traduit de l'anglais et publié en 1786 par M. *Le Breton*.

DES PROPRIÉTÉS DU CAFE.

L'USAGE du café est adopté dans le monde entier, et ce sont ses propriétés constantes qui l'ont aussi rapidement propagé. L'usage du vin si appétable pour l'homme, comme boisson agréable en même tems que salutaire, n'est pas à beaucoup près, aussi répandu. On substitue au vin, cidre, poiré, bière, les esprits alcoholiques obtenus de la distillation des liquides fermentés; mais on ne peut rien substituer au café; il a dû être, parmi nous, dans le principe, une fantaisie de la mode : un Turc prenait du café, il a bien fallu en prendre; devenu objet de goût, il a fini par être un besoin, même impérieux, jusque dans les dernières classes du peuple; caractère que prennent les goûts de convention fortifiés par l'habitude (1).

(1) On a défini l'*habitude une seconde nature;* combien l'habitude n'est-elle pas plus impérieuse encore que la nature en fait de goût de convention? Ceux-ci deviennent tyranniques. L'homme sait renoncer aux goûts naturels : nourri de pain dès son enfance, il le quitte à son adolescence pour se nourrir de châtaignes, de riz, de maïs, s'il se transporte dans le Limousin, en Italie, en Amérique; il quitte la viande pour le poisson, s'il habite les bords de la mer; enfin il tient à peine aux bases alimentaires de son premier âge. Il n'en est pas ainsi de l'habitude des goûts de convention, du café, du tabac; et plus l'objet a d'énergie sur les sens, et plus il devient besoin. C'est ainsi que l'usage du tabac mâché, fumé, en poudre passe avant tous les autres besoins. Pressé par la soif, on hésite à boire dans la coupe de l'homme qui inspire du

Cette adoption si générale du café ne serait pas une preuve en faveur de ses propriétés, car le tabac (2), qui est presqu'aussi généralement adopté, ne peut pas justifier son usage par ses vertus ; quant au café ce sont ses propriétés, que le hasard a fait reconnaître, et que l'expérience a confirmées, qui en consacrent l'usage. Cependant le café a eu ses détracteurs parmi les médecins, parmi ceux-là même qui en usaient le plus habituellement (3) ; mais aujourd'hui ils se réduisent à

---

dégoût ; on prend du tabac dans sa tabatière. L'infortuné *Condorcet* offre une preuve de cet empire des goûts de convention : il fuyait la proscription, ou plutôt une mort inutile à son pays ; après avoir erré un jour et une nuit dans les bois de Verrières, il gagne le lendemain matin le toît de l'amitié, non pour la compromettre par son séjour ; ce n'est pas l'hospitalité qu'il sollicitait ; mais il cherchait à ranimer une vie dont, comme Caton, il allait bientôt éteindre le flambeau, seul moyen de se dérober à la hache des bourreaux. Il n'avait ni bu ni mangé dans ce long intervalle d'angoisses ; on lui présenta du vin de Malaga, des biscotins ; c'est du tabac qu'il demande ; on en cherche, on en trouve enfin un cornet oublié dans une armoire. Il attend, ne boit pas, ne mange pas qu'il n'ait respiré deux ou trois prises de ce tabac sec et mauvais. Combien l'homme doit donc mettre de sobriété à se créer des besoins factices ; il en a assez de naturels !

(2) Le tabac est une plante âcre à laquelle on se familiarise difficilement, par l'irritation, les nausées que de prime abord il excite. Le tabac devait rester dans la classe des sternutatoires ; quelques livres de cette plante suffiraient à tous ses usages médicinaux, et ce sont des millions de quintaux qui s'en consomment.

(3) Il y a bien quelques exemples en médecine de cette contradiction de doctrine et de conduite ; le médecin, de même que le moraliste, ne fait pas toujours ce qu'il conseille;

un bien petit nombre; cependant pour beaucoup de gens le café n'était pas à coup sûr un poison. On sait la réponse de *Fontenelle : au moins est-ce un poison lent !* et notre philosophe était, à peu de chose près, centénaire. On cite des milliers d'exemples de la longévité des amateurs de café, de ceux même qui en poussent l'usage jusqu'à une sorte d'excès. Mais aujourd'hui la médecine a prononcé sur les vertus du café et a indiqué les exceptions peu nombreuses qui semblent en interdire l'usage.

Parlons donc des propriétés du café, d'après l'autorité des médecins ; considérons-le d'abord comme remède, et quelquefois comme remède héroïque, sur-tout comme préservatif ; nous examinerons ensuite sa vertu sous ses rapports les plus usuels, pris habituellement à la fin des repas.

Le café agit comme remède et il agit comme préservatif, d'après ses propriétés générales, qui sont de diviser les fluides épaissis, d'accélérer leur circulation, et plus particuliérement celle du sang, de répandre ainsi une chaleur bénigne dans

---

mais c'est pour le conseil et non pour l'exemple qu'on l'appelle. C'est encore de tabac dont il est ici question : *Fagon* présidait une thèse sur, ou plutôt contre l'usage du tabac. Le candidat, embarrassé d'un argument un peu pressant, *Fagon* vint à son secours ; et pressé lui-même assez vivement, il ouvrit sa tabatière, renifla fortement une prise de tabac pour recueillir ses idées, en disant : *sic argumentabor*. Son adversaire, forcé de céder, avoua que l'argument serait plus victorieux s'il eût été d'accord avec le nez du président.

l'habitude du corps, enfin, de calmer en excitant une douce agitation.

De là résulte la vertu fortifiante, tonique qu'il exerce sur l'estomac, effet qu'il produit bien sensiblement sur cet organe chargé de nourriture, fatigué d'une mauvaise digestion ou affaibli par quelqu'intempérance. Il convient donc aux estomacs faibles, digérant avec difficulté, sujets à des aigreurs, à des flatuosités, enfin, à des mouvemens de coliques qui annoncent une digestion laborieuse.

Ce ne sont pas là de ces effets consentis et qu'on accorde gratuitement à tant de petits moyens. La douce chaleur qu'il excite justifie cette expression, qui appartient à si peu de remèdes, de réchauffer l'estomac et toute l'économie animale. Aussi nulle boisson ne jouit au même degré de la propriété de fortifier, de corroborer, de faire soutenir la fatigue de l'étude, des veilles, de l'ennui. C'est la consolation du voyageur dans les contrées désertes du Levant. C'est aussi la raison pour laquelle on interdit aux Turcs, pendant le jeûne austère du Ramadan, le café. Son usage serait une violation de la loi du Prophête. Cette interdiction est fondée sur ce que le café soutient pendant un tems considérable, à l'instar des substances alimentaires. Au moins est-il aussi corroborant que le vin et plus que le bouillon, dont la digestion d'ailleurs est beaucoup moins sûre le matin à jeun.

Il est reconnu en Amérique comme excellent stimulant à l'époque de la puberté du sexe, dont il dissipe les dégoûts, la langueur, la mélancolie, l'état vaporeux.

Le café n'agit pas moins sensiblement sur la tête que sur l'estomac, il en soulage efficacement les douleurs, les pesanteurs.

Dans les Indes-Occidentales, où l'on est particuliérement exposé à des maux de tête, à la migraine, au *clavus*, plus fréquens et plus cruels qu'en Europe, le café en est le seul remède (4). On y emploie quelquefois l'opium, mais l'estomac qui s'accommode si bien du café ne s'accommode pas ainsi de ce narcotique, et souvent il ne soulage que pour bientôt agraver le mal. Le café, à la même dose, continue d'agir, il faut augmenter celle de l'opium; souvent il suffit de respirer le café chaud et mieux encore d'en respirer la vapeur au moment de sa torréfaction. Une femme passait à son office et faisait brûler du café, comme moyen de soulager un mal de tête cruel auquel elle était sujette. Mais on doit recourir avec précaution à ce moyen, parce que c'est l'arôme du café qui est irritant, et les gens nerveux s'accommoderaient mal de cette atmosphère trop prolongée.

(4) Les Turcs et les Persans boivent quelquefois une infusion légère de grains de café verd ou de baies de café : ils appellent cette espèce de tisanne *Café à la Sultane*. M. *Rostan*, de la Société économique de Berne, a proposé dans le *Journal de Physique, année* 1778, le café verd en infusion à la dose d'un gros, mis un quart-d'heure dans une pinte d'eau bouillante, que l'on sucre pour l'usage; il lui attribue d'utiles propriétés : mais la quantité est si petite, que l'infusion doit avoir bien peu de saveur.

De toutes ses propriétés la plus constante est celle de vaincre la propension au sommeil. Aussi le café est-il indiqué dans les affections soporeuses, dans quelques cas d'apoplexie. L'histoire de l'Académie Royale des Sciences, 1702, cite la guérison que *Mallebranche* a opérée de cet accident par le café pris en lavement; au moins il est un des préservatifs les plus sûrs contre les maladies de cette nature.

C'est bien comme stomachique, comme tonique, qu'en Amérique le café, pris le matin, devient le meilleur préservatif, pour tous ceux qui ont à vaquer aux champs, soit pour la culture, soit pour la surveillance à y donner. Il prévient l'effet dangereux de toute atmosphère humide, de ces rosées du matin et du soir, si abondantes et si fâcheuses dans ces climats. Son usage fréquent permet d'habiter avec moins d'inconvéniens les lieux exposés au séjour pernicieux des eaux; car non-seulement il prévient l'épaississement des fluides, mais favorise éminemment la transpiration insensible. Beaucoup de gens éprouvent de la moiteur et souvent une légère sueur à la tête, peu d'instans après avoir pris le café.

Dans tous les pays chauds on substitue avec beaucoup de succès le café en boisson et même en nature, dans les fièvres continues et rémittentes, au quinquina, qui a des inconvéniens que le café ne partage pas.

La gravelle, la goutte ont perdu de leur énergie dans les climats où on use habituellement du café. Ces maladies sont plus rares en France, et sur-tout dans les colonies françaises, où le café est la boisson habituelle, tandis que dans les colonies anglaises, où on en fait un moindre usage, ces maladies sont plus générales. Aussi sont-elles inconnues en Turquie, où le café est la boisson principale.

De Bligny, qui a écrit sur le café, le regarde comme très-utile dans l'embarras des reins, cause génératrice de la colique néphrétique, de la suppression d'urine, enfin, de la pierre. Il le prescrit comme très-salutaire aux goutteux, qui, en faisant un usage journalier du café, en retirent du moins cet avantage, que leurs accès sont moins fréquens et beaucoup plus supportables.

Une tasse de café très-fort pris dans le paroxysme de l'asthme le fait disparaître et souvent pour toujours. Un médecin anglais cite le plus grand succès qu'obtint, de l'usage du café, un octogénaire constamment sujet à des attaques d'asthme que rien n'avait pu soulager et qui en fut guéri.

Le café calme ces toux importunes qui accompagnent les maladies éruptives et sur-tout la petite-vérole.

La décoction de café sans sucre, dit *Lauzoni*, a arrêté un flux de ventre excessif; elle a guéri, suivant *Nebelius*, une céphalalgie périodique; *Baglivi* a fait plusieurs fois la même observation.

Toutes ces propriétés sont appuyées de l'autorité des plus grands médecins : *Leuwenhoek Willis*, *Huxham*, *Harvey*, etc., etc. *Ray* déclare qu'étant à Leyde tourmenté, pendant une année entière, du mal de tête le plus atroce, il a dû à l'usage du café, non-seulement la guérison de cette maladie, mais le rétablissement total de sa santé, qui depuis cinq années, était la plus malheureuse et le mettait près de l'état de mort.

Si le café, sur sa tige, jouit d'une propriété assez constante pour n'avoir pas échappé à de simples pasteurs, celle de rendre les troupeaux plus vifs, plus agiles, et de diminuer la durée habituelle de leur repos; si des moines fervens ont trouvé, dans l'usage de la boisson du café vert, le moyen de surmonter cette propension au sommeil, inséparable de la longueur des prières et sur tout de la contemplation qui, toute intellectuelle, exclut la participation des sens; comme il y a beaucoup de personnes qui dorment tout éveillées, cette classe nombreuse de somnambules a dû devenir prosélyte de cette boisson.

Mais quel tout autre effet devait produire la torréfaction (5) sur le café ? Elle en change l'o-

---

(5) On sait l'effet que produit sur les substances végétales le simple blanchiment à l'eau bouillante, combien leur cuisson, sur-tout à la vapeur, en améliore le goût; on sait le changement qu'opère sur elles la torréfaction, ainsi que sur les substances animales; quelle différence en effet entre une poire, une pomme cuite à la chaleur rayonnante du feu, et ces fruits cuits à l'eau; entre une viande rôtie et bouillie ! On a donc essayé de torréfier le café, et dès-lors on a obtenu une boisson qui n'a nulle ressemblance pour la saveur et l'odeur, et dont les vertus sont plus exaltées.

deur, la saveur, et ses propriétés sont devenues bien plus héroïques. L'analyse du café vert et du café brûlé prouve qu'il n'est plus le même, à beaucoup d'égards, et qu'il a éprouvé dans ses principes immédiats une modification qui en fait des principes nouveaux.

Il nous reste à considérer le café sous le rapport de sa boisson habituelle à l'heure du repas.

Personne ne lui conteste la propriété de stimuler tout le systême, de donner plus d'énergie à l'estomac, d'en accroître les facultés, de provoquer cet état fébrile de la digestion, d'en accélérer les fonctions et sur-tout la marche du chyle, de dissiper ces pesanteurs qui, réagissant sur le cerveau, occasionnent engourdissement, stupeur. Cet effet résulte de toutes digestions laborieuses, de ces digestions qui, n'étant point terminées lorsqu'une autre recommence, laissent pour tout levain aux alimens qui se présentent, une lie acide et glaireuse, laquelle énerve les sucs vraiment digestifs.

C'est sur-tout chez l'homme habitué aux bons effets du café, et qui en est accidentellement privé à l'issue d'un repas, que cette privation devient bien sensible. Quant à celui qui, livré à la bonne chère, se prive de café, il n'éprouve pas ce léger frisson avant-coureur de la digestion et premier effet de l'action des sucs digestifs; il est incapable de mouvement, il n'a pas le choix entre le *passus mille meabis*, les mille pas de l'école de Salerne, ou le *post prœdium stabis;* il s'assied et s'endort. La pituite, le catarrhe ne tarderont pas à s'emparer de notre abstême de café s'il ne renonce pas à la bonne chère. Bientôt le rhumatisme, la goutte ou la néphrétique, le tiendront éveillé. Il a à redouter la paralysie et l'apoplexie ; toutes maladies auxquelles les preneurs de café sont, avons-nous dit, plus rarement exposés.

Mais de son lit de douleur ou de mort, où il n'est point encore étendu, retournons au salon, où nous le trouverons plongé dans un large fauteuil. Quel parti tirer d'un pareil convive ? Il s'est levé de table pour se rasseoir ; il a dîné, il dort et d'un profond sommeil. Ce n'est pas ce sommeil léger qui préside, par fois, à une heureuse et facile digestion ; cette agréable ivresse qui vous laisse, en quelque sorte, participer à la conversation. La langue est muette, il est vrai, mais l'esprit est présent. Les idées voltigent, effleurent au moins le cerveau ; on sommeille et cependant on sourit à un bon mot. Eveillez ce dormeur : si vous l'interrogez, l'idée a fui, mais il a, sinon la dernière phrase présente, au moins le dernier mot, et si le mot est trop long, la dernière syllabe qui le justifie ; il n'était que distrait. C'était une douce rêverie, car il n'en est pas des vapeurs de café comme des fumées du vin dont la digestion rend bavard, sombre, fâcheux selon les constitutions, ou dont le sommeil est celui de la mort. L'influence du café n'admet pas ces différences, elle est la même chez tous ses sectateurs. Le café inspire la cordialité, car la franchise ce serait trop dire, il avorise l'épanchement, et s'il ne réconcilie pas les gens, il les rapproche ; il admet, plus que ne le fait le repas, l'égalité ; les coupes sont inégalement remplies ; chacun prend la sienne. L'étiquette est suspendue, il n'y a pas de places marquées autour de son autel circulaire ; on y retrouve celui que, confondu dans la foule des convives, on n'avait pas aperçu. La fausse dignité se met en contact avec l'homme libéral, et a souvent avec lui un moment d'*à parte*. En commençant ce chapitre des propriétés du café, je ne m'attendais pas à devoir m'étendre sur le sentiment des convenances et sur la morale sociale. Cependant il est vrai que quand on digère mieux, on en vaut mieux sous plus d'un rapport.

Si le café influe en quelque sorte sur l'ame et la dispose à plus de bienveillance, à combien plus forte raison influe-t-il sur l'esprit : il est consolateur, écarte les soucis, inspire la gaieté, l'aménité et les bons mots, et, pour celui qui est incapable d'en dire, au moins les calembourgs ; le poëte lui doit plus de chaleur dans sa composition, l'orateur plus de sublimité dans son style et de hardiesse dans son débit ; le savant plus de persévérance dans la solution d'un problême : encore une tasse de café ! et notre géomètre y arrive. Que de beaux vers dans les tragédies de *Voltaire !* Que de fleurs dans les ouvrages de *Fontenelle*, dont on est redevable au café !

On a voulu comparer les effets du vin et du café ! Combien sont différens, au physique et au moral, l'influence si prononcée qu'ils exercent ! Les amours, plus délicats aujourd'hui, rejettent les libations du vin pour celles du café. Ils préfèrent son parfum aux vapeurs du vin. Tous deux peuvent être inspirateurs, mais ce ne sont pas les mêmes inspirations; le vin à *Thirtée*, le café à *Racine*, au chantre du sentiment, à celui des amours, à *Delille*, à *Parny*.

En parlant de *Racine*, Mad[me] de Sévigné a dit dans ses Lettres : « Il en sera de *Racine* comme » du *Café*, qui l'un et l'autre passeront de mode.» Le tems n'a pas justifié cette opinion, et l'homme de goût en lisant ce passage, croyant trouver une faute d'impression, écrira en marge de son exemplaire le *ne* et le *pas*.

Franklin ne connaissait que la commotion électrique, ou le café, pour donner la plus grande énergie aux facultés intellectuelles, car la vertu du café est aussi électrique, il vivifie. Toutes ces propriétés qu'il faut admettre, parce qu'elles existent, sont dues, disons-nous, à l'action du café sur le physique, et principalement à celle qu'il paraît exercer sur l'estomac et le cerveau, les siéges de la vie. En effet, ce sont ces organes qui en reçoivent la première et la plus sensible impression, ce qui explique son influence sur nos facultés intellectuelles.

On reproche au café d'éloigner le sommeil, pour peu qu'on en fasse excès; mais ce doux réveil n'a rien de fatigant, on n'est point agité, on attend; état bien préférable au sommeil fatigant, au cauchemar, à ces rêves pénibles, effets ordinaires des digestions bachiques.

Il n'en est pas ainsi de ceux qui, dans l'usage

de faire un souper léger, le terminent par le café ; c'est alors qu'il est calmant et procure un doux sommeil. Mais ce serait reprocher au café toutes ses autres propriétés qui tiennent essentiellement à l'énergie de celle-là même ; les gens que leur constitution expose à la pituite, au catarrhe, aux fluxions, au rhumatisme, à la goutte, qu'elle menace de paralysie (1), d'apoplexie séreuse, n'éloigneraient pas ces infirmités, ces accidens, sans la vertu qu'a le café de prévenir la stagnation des fluides, d'en faciliter la circulation, les sécrétions, par l'agitation qu'il procure.

Mais s'il est excitateur, il est aussi calmant. C'est ainsi qu'il apaise l'ivresse du vin, et chez les Orientaux la fureur qu'excite en eux l'excès de l'opium : en sorte que c'est avec raison que la matière médicale range le café dans la classe des calmans, de cet opium même dont il combat les funestes effets.

M. *Peaulté*, médecin de Paris, a guéri un homme empoisonné par un narcotique, avec quelques tasses de café.

Une des circonstances qui signale peut-être le plus les effets salutaires du café, c'est l'usage de cette boisson à l'eau, le matin à jeun ; et le régime de vivre actuel semble rendre cet usage vraiment indispensable.

M. *Brun*, chirurgien du Cap, dit avoir obtenu des effets salutaires des bains de café dans la paralysie, dans l'épilepsie, dans le spasme, les vapeurs histériques, et la migraine. Il conseille également les bains de vapeur de café.

Aujourd'hui on ne sait comment déjeûner ; ce n'est point un repas réglé, ni pour l'heure, ni par la nature des alimens. Aussi beaucoup de gens ou ne déjeûnent point, ou font un déjeûner dinatoire. L'heure du dîner n'est guères plus réglée, parce qu'on est convenu, d'une part, de se faire attendre, et de l'autre, d'attendre jusqu'au dernier arrivé. Tel convive mesure son retardement sur le plus d'importance qu'il croit avoir ; d'où il résulte que celui qui n'a pas déjeûné ne dîne pas, mais dévore. Point de mastication, point d'imbibition de salive, les morceaux tombent entiers dans son estomac, affaibli par une abstinence de vingt-quatre heures ; il boit, mais ce n'est pas le vin qui fait digérer. Quant au convive prévoyant qui, craignant le retard du dîner, a fait un déjeûner robuste, il ne l'a point encore digéré en se mettant à table, et il n'en mange, ni n'en boit pas moins ; l'affaire, pour tous deux, sera de digérer, et c'est beaucoup si à l'aide du café, ils en viennent à bout.

Et ce café dont, après cinq services,
Votre estomac goûte encor les délices.

Aussi c'est au lendemain que je les attends ; ils se lèvent et dorment encore, ce n'est point le réveil, mais de l'assoupissement. La tête est lourde, et le corps appesanti ; l'estomac fatigué, pendant la nuit, d'aigreurs, de sabure, est encore tout débilité ; la bouche mauvaise, amère, la langue chargée ; on a des rapports, des flatuosités, la respiration est gênée, et au moral l'humeur triste et maussade. Ils sont grondans, brusquant ce qui les environne, mécontens de tout le monde, et tout le monde mécontent d'eux. Tel est le réveil de beaucoup, mais beaucoup de gens; j'en appelle à la déposition des épouses, des enfans, (même des mères!) et sur-tout des domestiques.

Je ne connais de remède, à la suite de ces intempéries journalières, que le café à l'eau, très-chaud et léger, une mesure de café pour trois tasses d'eau chaude, et par infusion; on prend l'une au réveil, les deux autres à demi-heure d'intervalle: c'est la présence du soleil qui dissipe les nuages du matin. Alors on s'éveille réellement, on retrouve la vie! le mouvement! car un pareil réveil est une léthargie, ce qu'attestent ces longs bâillemens, cette extension forcée des membres; la tête s'allége d'une grande pesanteur, l'estomac est soulagé, le sang reprend sa circulation, on retrouve le jeu de ses poumons; les sécrétions du matin se rétablissent promptement; au moral on perd cette humeur chagrine; on parle à ses gens, au lieu de ce signal dédaigneux qu'ils devaient entendre, quoique donné d'un œil mort; car le café pris, la perception de la vue est toute autre; enfin on est en état d'écrire un billet, ce qui, le quart-d'heure d'avant, eût été une tâche pénible. Il y aura plus d'esprit et de cordialité dans ce billet-là.

Citons *Delille*, qui peint si poëtiquement cet effet du café, cette métamorphose d'un même individu.

A peine j'ai goûté ta liqueur odorante,
Soudain, de ton climat la chaleur pénétrante
Agite tous mes sens; sans trouble, sans cahots,
Mes pensers plus nombreux, accourent à grands flots:
Mon idée était triste, aride, dépouillée;
Elle rit, elle sort richement habillée,
Et je crois, du génie éprouvant le réveil,
Boire, dans chaque goutte, un rayon du soleil.

Il y a peu d'homme sobre qui, s'il s'écarte accidentellement de son régime, n'ait éprouvé, le lendemain, à son réveil, cet état qui n'a rien d'exagéré pour beaucoup d'intempérans; ils ont recours au thé, mais il y a des tempéramens auxquels cette boisson ne réussit pas, à moins qu'on en ait contracté l'habitude; il agace, il pince. Une infusion très-légère de café, a mesure d'une tasse, dans une pinte d'eau, nfusé à froid, ou à chaud, édulcoré avec le sucre, est bien plus efficace, il est légèrement tonique et diurétique. Le café, avons-nous dit, rétablit les sécrétions, ce que le thé n'opère point.

Pour les estomacs qui digèrent volontiers le lait, et ce n'est pas l'estomac des intempérans, cette infusion légère de café, coupée, blanchie avec une tasse de lait, ou une cuillerée de crême, fait une boisson du matin agréable, salutaire et familière aux gens de lettres en Allemagne.

On range le café dans la classe des goûts de convention; cependant il a un caractère que voici, et qui paraît l'en séparer, pour le replacer au nombre des goûts naturels. L'homme malade s'est promptement dégoûté du tabac, dont l'odeur lui répugne ; il n'y a pas de maladie qui inspire le dégoût du café, alors même que le dégoût du vin est bien prononcé ; car c'est de la répugnance qu'excite le vin. Peu de malades, et sur-tout de convalescens qui, dans leurs fantaisies, leurs faux appétits, n'aient l'appétit véritable du café ; ils ne voient pas impunément la garde en faire son déjeûner : beaucoup de médecins même sont indulgens pour cette fantaisie-là. Notre malade n'envie pas le vin que cette garde préfère rarement au café.

On serait peut-être autorisé à conclure de-là, que le goût du café devient plus naturel, plus impérieux même, qne celui du vin. En effet, les gens du peuple, depuis l'introduction du café dans les marchés, ont-ils préféré son usage à celui du vin ; et tel fort de la halle qui se serait enivré le matin, d'eau-de-vie, déjeûne avec un bol de café ; cependant quel café ! Dans les campagnes, cet usage s'est également introduit, et on voit la femme, qui dès le matin va travailler aux champs, préférer, pour ce premier repas, le café. Car, si le café n'est pas, à proprement parler, nutritif, il est corroborant, et il devient réellement nourrissant, par l'addition du sucre et sur-tout du lait.

Telles sont les propriétés du café qu'il faut, je le répète, admettre, parce qu'elles sont constantes. Ce n'est pas l'homme sanguin ou bilieux, qui peut prononcer sur ces propriétés, parce que le café ne convient pas à ces deux tempéramens; mais celui qui appartient à la constitution phlegmatique, séreuse, n'appellera point des vertus que nous lui attribuons.

Simon Pauli, médecin danois, prétend que le café affecte les organes de la génération, et cette opinion singulière a trouvé des partisans; cela ne doit point étonner; car l'opium, narcotique pour quelques hommes, est pour les autres un stimulant très-énergique; et si le café est une boisson aphrodisiaque pour certains tempéramens, elle peut produire un effet opposé chez les personnes qui ont le système nerveux très-irritable. Lorsque les forces actives de la vie sont appelées impérativement sur un point de notre système par un excitant quelconque, les autres parties du corps éprouvent une espèce d'atonie. Ainsi lorsque l'estomac est trop énergiquement stimulé par le café, il est possible que la faiblesse s'empare d'autres organes.

Voilà sans doute ce qui a pu accréditer l'opinion du médecin danois: cette opinion est même reçue en Perse où l'on prend cependant autant de café qu'en France. M. *Hecquet* en parle dans son voyage à Ispahan. Un certain *Oléarius* rapporte qu'une Reine de Perse voyant dans une des cours de son palais des palfreniers se donner beaucoup de peine pour renverser un cheval, demanda ce qu'on voulait faire à cet animal. On éprouva quelque embarras pour lui dire qu'on désirait le faire hongre: *Eh! pourquoi*, répliqua la Reine, *le tourmenter ainsi? faites-lui plutôt prendre du café*. Cette plaisanterie n'est sans doute qu'une épigramme que cette princesse adressait indirectement à son mari; aussi ne doit-on rien en conclure contre le café, et l'on dira seulement que s'il convient à la plupart des tempéramens, il convient moins aux personnes dont les nerfs sont très-irritables. Ces dernières ne doivent point cependant s'en priver, mais en user sobrement. Les médecins turcs recommandent à ces estomacs délicats de tempérer l'activité du café en prenant beaucoup de sorbet; et nous qui n'avons point de sorbets turcs, nous dirons: que le café soit léger et bien fait, il n'incommodera pas.

Apprenons donc à bien préparer cette boisson, car de ses bonnes qualités dépendent en partie ses vertus.

Faisons précéder la préparation du café par l'analyse (2); car c'est cette analyse qui préside à la confection de sa boisson.

---

(2) L'analyse du café a occupé les Chimistes, mais à une époque où l'art d'analyser les corps répandait peu de jour sur leurs principes constituans; l'ancienne chimie employait l'eau, l'esprit-de-vin, le feu à ses analyses; ces agens confondaient tout, et la chimie actuelle sépare tout. Combien une substance analysée par *Fourcroy*, *Vauquelin*, *Theynard*, etc., est riche en principes, tandis qu'elle en est si pauvre analysée par *Lemery*! Mais enfin, pour donner une idée des analyses anciennes du café, de celles faites par *Lemery*, *Lefèvre*, *Bourdelin*, *Neueman*, nous dirons que le café contient en grande quantité de l'acide, de l'extrait gommeux, de l'extrait résineux, de l'huile volatile, du sel volatil, enfin du sel fixe. Huit onces d'un extrait mixte sont la quantité que *Neueman* a obtenu d'une livre de café brûlé; mais tels sont à peu près les produits que donne indistinctement, par cette voie analytique, toute substance végétale.

MÉMOIRE SUR LE CAFÉ.

Par C.-L. Cadet, Pharmacien ordinaire de l'Empereur, membre de la Société de Médecine de Paris, Professeur de chimie, etc.

La chimie a pris un si brillant essor, elle s'est élevée à des considérations si importantes, qu'elle semble déroger lorsqu'elle descend à l'examen de substances communes et d'un usage journalier. On applaudit aux travaux d'un chimiste qui décompose une production rare, étrangère, souvent inutile; on dédaigne presque celui qui porte le flambeau de l'analyse sur quelques-uns de nos alimens, ou sur des objets de première nécessité. C'est sans doute ce préjugé qui, depuis l'heureuse révolution de la chimie, a fait négliger l'analyse du café.

Cependant, lorsqu'on pense que cette seule denrée coloniale rend la France tributaire de plus de trente millions par an; que cette dépense entraîne une consommation énorme en sucre toujours au profit de l'étranger, le café paraît assez important pour que l'on sache gré aux savans d'en chercher la nature chimique, et d'éclairer la médecine sur son usage.

Bourdelin, *Geoffroy*, *Rihiner*, et quelques autres, ont déjà publié des analyses du café;

mais leurs travaux n'ont rien appris, parce que la science, quand ils écrivaient, n'était pas assez avancée, et que les réactifs les plus utiles leur manquaient. Sans me creire plus habile qu'eux, je serai peut-être plus heureux, et je jetterai, je l'espère, quelque jour sur cette matière encore nouvelle.

EXAMEN DU CAFÉ SEC.

Café sec traité par l'eau.

Lorsqu'on verse de l'eau bouillante sur du café, tel que le commerce nous le livre, l'eau se colore en vert jaunâtre (1). Si l'on continue l'action de la chaleur, la décoction brunit, il se forme une légère écume qui reste insoluble; filtrée elle passe très-claire et se trouble en refroidissant. Un peu de potasse caustique versée dans cette décoction la brunit davantage. L'ammoniaque produit le même effet. L'eau de chaux y forme un précipité floconneux abondant; le sulfate de fer la convertit en encre noire; la solution de gélatine ne se trouble point par son mélange avec la décoction. L'acide muriatique oxigéné ne décolore cette décoction qu'en partie, et si l'on verse un alcali sur ce mélange, la liqueur devient rouge.

---

(1) Quand le café est récemment récolté, sa décoction est d'un vert d'émeraude superbe. On peut en faire une laque. M. *Dupont de Nemours* m'a dit que dans les Colonies il s'en servait pour laver et colorer des plans.

Distillation.

J'ai distillé huit livres d'eau sur une livre de café sec, j'ai obtenu une eau aromatique que surnageaient quelques gouttes d'huile concrète, semblable à celle du *galé* ou du *myrica cerifera*. La décoction restée dans l'alambic était visqueuse. Je l'ai un peu étendue d'eau et j'ai versé dessus de l'alcohol. Il a précipité une matière abondante qui, recueillie sur le filtre, était soluble dans l'eau et avait tous les caractères d'un mucilage. Le café sur lequel l'eau avait été distillée, séché à l'étuve et mis en digestion dans l'alcohol, a fourni une teinture qui précipitait par l'eau.

La décoction aqueuse du café sec ne colore point en rouge les couleurs bleues végétales : elle donne même une couleur verte au tournesol. Tous les chimistes, qui ont analysé le café avant moi, ont dit que la décoction tenait en suspension un acide libre, qui rougissait les couleurs bleues végétales ; *Geoffroy* a été même jusqu'à prétendre que l'eau distillée au bain-marie sur du café, devenait très-acide. J'ai essayé cinq variétés différentes du café, j'ai répété plus de vingt fois les expériences, jamais la décoction ne m'a paru acide.

Elle décompose le sulfate d'alumine et en précipite la terre qu'elle colore faiblement.

Café sec traité par l'alcohol.

L'Alcohol mis en infusion, même à froid, sur du café sec, se colore légérement, et tient en dissolution un principe extracto-résineux très-abondant. Si l'on y verse de l'eau, la teinture devient laiteuse et la résine se précipite en blanc sale. Avec une solution de sulfate de fer, le précipité est vert: avec l'acide muriatique il est fauve. Le café épuisé par l'alcohol, traité ensuite par l'eau, fournit encore de l'extractif et du mucilage.

On peut conclure de ces premières expériences que le café sec contient : 1°. un principe aromatique soluble dans l'eau ; 2°. une très-petite quantité d'huile essentielle ; 3°. une résine assez abondante ; 4°. une gomme en plus grande quantité ; 5°. de l'acide gallique, point de tanin ; 6°. de l'extractif ; 7°. un peu d'albumine.

Observations.

Si la décoction filtrée chaude se trouble en refroidissant, c'est qu'elle tenait en dissolution, à l'aide de la chaleur, un peu de résine. Les alcalis la brunissent ; effet ordinaire de ces réactifs avec les décoctions végétales. L'eau de chaux la précipite, parce que, d'une part, il se forme du gallate de chaux, de l'autre la matière extracto-gommeuse s'unit à la terre et l'entraîne. Il en est de même du sulfate d'alumine. L'esprit-de-vin en sépare le mucilage, parce que les gommes ne sont pas solubles dans l'alcohol ; et l'eau précipite la teinture alcoholique, parce que l'eau ne dissout point les résines. Ce précipité est blanc par l'eau à cause de son extrême division ; vert par le sulfate de fer, parce qu'il est mêlé de gallate de fer; fauve par l'acide muriatique oxigéné, parce que l'oxigène en se portant sur la résine met un peu de carbone à nu. L'écume insoluble qui se forme sur la décoction est un peu d'albumine végétale coagulée par l'eau bouillante. Il faut, pour l'obtenir, que l'eau ait séjourné froide sur le café avant que de chauffer.

Proportions approximatives.

Quoiqu'il soit assez inutile de chercher les proportions des principes immédiats du café, puisque ces proportions doivent varier en raison du plus ou moins de maturité du grain, du lieu qui l'a fourni, et du tems qu'il a été gardé en magasin, j'ai cru cependant utile de les évaluer autant que possible. Après plusieurs expériences comparatives, j'ai trouvé que huit onces de café donnent environ :

Mucilage	1 once.
Résine	1 gros.
Matière colorante extractive . .	1 gros.
Acide gallique	3 gros ½.
Parenchyme . . . . . 5 onces	3 gros ½.
Albumine végétale	10 grains.

On savait depuis long-tems que le café germait dans l'eau bouillante (voyez *Dictionnaire de* Bomare, *article* Café), et j'ai vérifié ce fait; mais il ne germe point dans l'alcohol bouillant, soit parce que la température n'est pas assez élevée, soit parce que l'eau est nécessaire à sa germination, soit parce que l'alcohol détruit l'action végétative.

J'ai comparé les décoctions et les teintures des trois cafés secs, *Moka*, *Martinique* et *Bourbon*. Ces deux derniers m'ont paru fournir les mêmes principes en même proportion. Le Moka diffère essentiellement des autres. Sa décoction était beaucoup moins chargée, sa teinture alcoholique était plus colorée que celle des cafés Bourbon et Martinique; il contient moins de gomme, moins d'acide gallique, plus de résine et plus d'arôme que les autres.

Torréfaction.

Pour connaître les changemens que la torréfaction apportait au café; j'ai examiné les phénomènes qui ont lieu pendant que l'on brûle ce grain à l'air libre.

D'abord le café augmente de volume en se pénétrant de calorique; il pétille, il se colore en fauve; la pellicule qui enveloppe le grain, et que l'on nomme *arille*, se détache; comme elle est très-mince et très-légère, elle voltige au moindre souffle. Le café répand alors une odeur aromatique très-agréable. Cette vapeur augmente d'intensité, le grain fume et il brunit : bientôt l'odeur change et paraît légérement empyreumatique; le café transpire et devient huileux à sa surface (2), il cesse de fumer; et si l'on continue l'action du feu, il se charbonne.

---

(2) M. *Parmentier* avait enveloppé du café torréfié et suant dans du papier à filtrer. Ce papier, imbibé de l'huile, resta gras

L'intervalle qui sépare l'instant où le café se colore de celui de sa carbonisation, est assez long pour qu'il soit difficile de déterminer le point où il faut s'arrêter afin de conserver au grain ses propriétés les plus agréables; mais pour approcher de ce point important à connaître, j'ai considéré dans la torréfaction trois époques distinctes : 1°. celle où le grain perd sa couleur naturelle et passe à celle de chapelure de pain ou d'amandes sèches; 2°. celle où le café revêt la couleur brune-rouge d'un marron-d'inde sec; 3°. celle où, devenu presque noir, il n'est pas cependant encore charbonné.

J'ai pris six onces de café Martinique, et j'en ai fait trois parts que j'ai torréfiées séparément, et chacune à un des trois degrés précédens.

Les deux onces torréfiées légérement et couleur d'amandes sèches, ont perdu 2 gros sur le feu. Je désignerai cette épreuve par le N° 1.

Les deux onces torréfiées jusqu'à la couleur marron, ont perdu 3 gros à la torréfaction. Je donnerai à cette portion le N° 2.

Les deux onces grillées jusqu'au noir ont perdu 3 gros 48 grains; je les marquerai N° 3.

Le N° 1 a passé difficilement au moulin. Infusé à froid, l'infusion contenait du tanin et précipitait la solution de gélatine; son goût était très-aro-

---

et transparent pendant plus d'une année; ce qui suppose l'existence d'une huile grasse dans le grain. Je n'ai pu l'obtenir isolée ni par la pression, ni par l'ébullition, ni par les alcalis caustiques.

matique (3), sa saveur celle des amandes; point d'amertume, *odeur de vert* assez prononcée. Infusé à chaud, son goût aromatique était le même, sa saveur rappelait celle du gâteau d'amandes qu'on nomme *nougat*: point d'amertume, et verdeur moins sensible.

Le N° 2 a été moulu plus facilement. Infusé à froid, il a fourni moins de tanin, son goût aromatique était plus faible, sa saveur plus caramélée; il n'avait ni amertume ni verdeur. L'infusion à chaud ne présente ni plus de saveur, ni plus d'arôme.

Le N° 3 s'est mis en poudre très-facilement. Infusé à froid, il n'avait presque plus d'arôme; sa saveur était empyreumatique et légérement amère: il formait un précipité à peine sensible avec la solution de gélatine. L'infusion à chaud

---

(3) Le désir de retenir l'arôme qu'une forte chaleur dissipe, a fait imaginer deux procédés qui ne sont pas sans effet. Le premier, en usage dans l'Inde et chez quelques Français, consiste à mettre dans le cylindre à torréfier un peu de beurre frais sur le café qui commence à se colorer. Il n'en faut que la quantité suffisante pour vernir légérement la surface des grains. Le beurre retient une partie de l'huile essentielle qui se serait évaporée. Ce moyen n'est pas mauvais, mais il donne quelquefois au café une saveur particulière qui n'est pas du goût de tout le monde.

Le second procédé consiste à étendre le café torréfié encore chaud et suant, sur un papier blanc, et à le saupoudrer légérement avec du sucre. Le sucre absorbe l'huile du café et retient son arôme. Ce moyen ne m'a point paru ajouter à l'agrément du café, et rend incertain sur la quantité de sucre que l'on doit mettre dans sa tasse.

était plus amère, plus empyreumatique et avait un arôme plus distinct.

Toutes ces iufusions contenaient du mucilage et de l'acide gallique ; mais dans une progression inverse du tanin ; car les proportions de gomme et d'acide ont augmenté avec les degrés de torréfaction, tandis que le tanin a diminué.

M. *Bouillon-Lagrange*, dans un très-bon Mémoire sur la noix de galle, a déja considéré l'acide gallique comme une modification du tanin; ces expériences viennent à l'appui de cette opinion.

Examen du café torréfié.

Comme les principes immédiats du café ne sont pas également solubles ou volatils, il était nécessaire d'examiner comparativement l'infusion à froid et à chaud des trois espèces de café, ainsi que leurs décoctions.

Infusion à l'eau froide.

J'ai versé huit onces d'eau distillée sur une once de café torréfié et moulu; j'ai laissé infuser deux heures et j'ai filtré. L'infusion était d'un brun très-clair, ne rougissait point le papier bleu, noircissait par le sulfate de fer, et précipitait légérement la solution de gélatine. L'alcohol en séparait un peu de mucilage et donnait à l'infusion l'odeur de genièvre. Le Moka, le Bourbon, et le café de la Martinique m'ont présenté les mêmes caractères.

Infusion à chaud.

J'AI fait infuser pendant un quart-d'heure une once de café torréfié et moulu, dans huit onces d'eau à 70 degrés. Cette infusion ne rougissait point le tournesol, ne précipitait point la solution de gélatine, et formait de l'encre avec le sulfate de fer. L'alcohol en séparait plus de gomme que de l'infusion à l'eau froide. Les trois espèces de café se sont comportées de même dans ces expériences.

Décoction.

J'AI fait bouillir deux onces de café en poudre dans une livre d'eau. J'ai prolongé l'ébullition pendant deux heures. La décoction avait une odeur infiniment moins agréable et moins aromatique que l'infusion. Elle ne changeait pas la couleur du papier bleu, ne précipitait point la solution de gélatine, et noircissait avec le sulfate de fer. L'alcohol en séparait beaucoup plus de mucilage que l'on n'en trouve dans les autres infusions, proportions gardées. Les trois espèces de café donnaient les mêmes résultats.

Si l'on fait bouillir long-tems, avec le contact de l'air, une décoction de café filtrée et limpide, elle se trouble et il se dispose une poudre noire que l'on a prise quelquefois pour de la résine; mais qui n'est que de l'extractif très-oxigéné. Les médecins et les pharmaciens n'ont pas encore assez examiné l'action de l'air atmosphérique snr les décoctions végétales, ils pourraient en tirer des éclaircissemens sur les propriétés plus ou moins énergiques de certains remèdes.

Extrait de Café.

La décoction de café filtrée et évaporée jusqu'à consistance d'extrait, n'a plus l'odeur aromatique de l'infusion, sa saveur est amère. Chauffé avec l'alcohol, cet extrait colore la liqueur par son extractif, mais cette teinture ne précipite point par l'eau. On en doit conclure que la décoction de café, quand elle a été filtrée ou reposée, ne contient point de résine.

Teinture alcoholique de Café torréfié.

Le café torréfié, mis en digestion dans l'alcohol, donne une teinture fort colorée qui précipite par l'eau une plus grande quantité de résine que le café sec ou vert. Dans celui-ci, la matière résineuse est blanche; dans la teinture du café brûlé, elle est fauve.

Observation.

Il résulte de ces expériences que la torréfaction développe dans le café les principes odorans et résineux, et y forme du tanin qui n'est soluble que dans l'eau froide, phénomène fort singulier. L'acide gallique se manifeste dans le café à toutes les températures de l'eau qui est employée comme dissolvant. La gomme et la matière extractive colorante, sont plus abondantes dans la décoction que dans les infusions, mais le principe aromatique est plus sensible et plus agréable dans ces dernières.

Café torréfié distillé.

J'AI distillé plusieurs litres d'eau sur du café torréfié; cette eau s'est chargée de l'arôme du café, et elle a entraîné avec elle quelques atômes d'huile essentielle concrète comme celle obtenue par la distillation du café sec. Les réatifs n'ont démontré dans cette eau la présence d'aucune substance en solution.

Infusions et décoctions comparées.

POUR connaître la différente solubilité des principes du café, il me restait à soumettre la même poudre de café torréfié à l'action successive des infusions et de la décoction. Pour cela j'ai placé dans un filtre deux onces de café, j'ai fait passer dessus de l'eau froide jusqu'à ce que les réactifs cessassent de m'indiquer la présence de quelques matières en solution. Il a fallu employer 68 onces d'eau froide pour dépouiller ce café de tout ce qu'il avait de soluble. J'ai divisé cette eau de lavage en 17 portions de 4 onces chacune, à mesure qu'elle passait sur le filtre. Ces 17 portions contenaient toutes de l'acide gallique en proportion de leur rang; les quatre premières de la gomme; la première seule a précipité la solution de colle, ce qui annonçait la présence du tanin.

Le café à l'eau froide retiré du filtre a été séché à l'étuve; j'ai ensuite versé dessus 8 onces d'eau à 75 degrés. L'odeur de cette infusion secondaire était agréable, mais plus faible que celle du café tel qu'on le prépare pour la table. Examinée par les réactifs, elle a fourni un peu de mucilage et beaucoup d'acide gallique; je n'y ai trouvé ni tanin ni résine.

J'ai repris la même poudre de café déjà lavée à froid et infusée à chaud, et je l'ai fait bouillir dans 6 onces d'eau réduites à quatre. Cette décoction contenait beaucoup de gomme et d'acide gallique, peu d'arôme, et n'a donné aux réactifs nulle trace de tanin ni de résine.

Observation.

CES expériences prouvent que l'eau froide dépouille le café torréfié du peu de tanin qu'il contient, d'une partie de son extractif, d'une grande partie de son arôme, mais qu'elle n'enlève qu'une faible portion de son acide gallique et de sa gomme. On voit que l'infusion à chaud est déjà plus chargée de ces deux derniers principes, mais que son arôme est plus faible. Enfin on reconnaît que la décoction prolongée dissipe en grande partie l'odeur, est très-chargée de gomme et d'acide gallique S'il s'y trouve de la résine, elle n'y est qu'en suspension, elle trouble la transparence de la liqueur et elle se précipite par le repos.

Cendres de Café.

QUOIQU'IL soit assez indifférent de savoir ce que contient le café réduit en cendres, j'en ai fait incinérer une demi-livre environ; les cendres étaient assez légères. Lessivées à l'eau distillée, elles ne m'ont offert à l'analyse qu'un peu de chaux et très-peu de potasse. J'ai aiguisé cette lessive avec une faible quantité d'acide nitrique ; et la dissolution filtrée précipitait en beau bleu le prussiate de potasse et était abondamment précipitée par l'acide oxalique. La barite ne l'a point altérée. Elle blanchissait avec le nitrate d'argent. Les cendres de café sont donc composées de *charbon*, de *fer*, de *chaux* et de *muriate de potasse*. Je n'ai pas cru devoir en chercher les proportions.

Je comptais terminer ici cette analyse, lorsque M. *Parmentier* donna lecture à la société de pharmacie d'un Mémoire très-détaillé sur le café, par M. *Payssé*, pharmacien, qui a déjà publié plusieurs travaux intéressans. Il est dit dans ce Mémoire, 1°. que le précipité formé par le mélange de la décoction du café avec le sulfate de fer n'est soluble que dans les acides nitrique, sulfurique, phosphorique et oxalique; 2°. que le café ne contient pas d'acide gallique; 3°. qu'il contient un acide particulier *sui generis*, que l'auteur appelle acide *cafique*, et qu'il a obtenu en suivant le procédé de M. *Chenevix*; qui consiste à faire une décoction de café non torréfié, à la filtrer, à la précipiter par le muriate d'étain, et à décomposer ce précipité par le gaz hydrogène sulfuré (4).

---

(4) Mémoire de M. *Chenevix* : Journal de Bruxelles, N° 7, Germinal an X, et Vendémiaire an XI, pag. 63 et suiv. Annales de Chimie, par *Van-Mons*, Fructidor an IX, N° 129, p. 326. M. *Chenevix* ne dit pas que la substance qu'il a obtenue par le procédé ci-dessus soit un acide, mais un produit nouveau dont il ne détermine point la nature.

L'autorité du nom de *Chenevix*, l'exactitude que met ordinairement M. *Payssé* dans ses opérations, m'engagèrent à faire plusieurs expériences, pour constater les faits nouveaux qu'on annonçait.

J'ai fait bouillir, pendant deux heures, deux onces de café Bourbon dans un demi-litre d'eau. Cette décoction m'a présenté les mêmes phénomènes que j'avais déjà vus. Elle a pris une teinte verte-jaunâtre qui est devenue plus vive par la séparation d'un peu d'albumine, et il s'est précipité de l'extractif oxigéné. Cette décoction filtrée a verdi la teinture aqueuse de tournesol.

J'ai mêlangé une partie de cette décoction avec une solution de sulfate de fer, et j'ai obtenu un précipité d'un bleu très-foncé tirant sur le noir; j'ai redissous ce précipité par l'acide muriatique oxigéné, par les acides acétique fort et faible, par l'acide tartareux, par l'acide citrique et même par l'acide benzoïque.

L'acide muriatique a jauni la liqueur, qui a repris de la transparence en laissant déposer un précipité assez pesant d'extractif oxigéné. Ce dépôt, redissous par l'ammoniaque, a donné une belle couleur rouge-brune à la liqueur.

Le précipité immédiat du sulfate de fer dissous par l'acide acétique, s'est comporté à peu près comme le précédent, à l'exception de la couleur qui était bleue-violâtre; il a été d'ailleurs redissous par l'ammoniaque. Les autres acides ont donné à peu près le même précipité que l'acide muriatique; leur action a, en général, suivi la raison des acidités.

J'ai traité de la même manière du précipité de sulfate de fer obtenu par l'acide gallique, et les résultats ne m'ont offert aucune différence avec les précédens.

J'ai précipité par le muriate d'étain ce qui me restait de café en décoction. Ce sel a occasionné dans la liqueur un dépôt très-abondant; j'ai lavé ce précipité jusqu'à ce que l'eau de lavage ne présentât aucun signe d'acidité; j'ai ensuite mis ce composé métallique dans un flacon tubulé, et j'y ai versé beaucoup d'eau distillée. J'ai disposé l'appareil de *Woulf* pour faire passer sur le précipité du gaz hydrogène sulfuré. Dès les premières portions de gaz qui passèrent, le mélange acquit une couleur brune qui se fonça à mesure que la liqueur se saturait de gaz hydrogène sulfuré. Le précipité fut décomposé; il se forma un hydrosulfure d'étain, et l'acide dégagé passa dans la liqueur. Cette liqueur filtrée a été évaporée à une douce chaleur, jusqu'à ce qu'elle fût réduite à $\frac{1}{8}$. Ce produit, considéré par M. *Payssé* comme acide *cafique*, m'a paru n'être que de l'acide gallique. Non-seulement je le soumis à l'action de tous les réactifs, comparativement avec de l'acide retiré de la noix de galle par la méthode ordinaire; mais pour ne laisser aucun doute à cet égard, je traitai de la noix de galle par le même procédé. Le muriate d'étain y forma un précipité plus abondant que dans le café; ce précipité décomposé comme le précédent par le gaz hydrogène sulfuré, me fournit un acide de la même couleur, de la même saveur, jouissant des mêmes propriétés, et n'offrant de différence que dans les proportions. Je crois donc pouvoir en conclure que l'acide *cafique* n'existe point; mais que le café contient moins d'acide gallique que la noix de galle.

Il est possible que cet acide gallique offre dans ses combinaisons et ses composés quelques nuances légères qui le fassent un peu différer de l'acide retiré de la galle de chêne; mais il n'en est pas moins de la même nature.

On sait que les matériaux immédiats des végétaux, quoique de la même espèce et parfaitement analogues, ne sont pas identiques à la rigueur; les gommes, les sucres offrent des variations dans leurs propriétés physiques; cependant la matière sucrée et le mucilage sont les mêmes considérés chimiquement (5). *Proust* a prouvé que le tanin obtenu de plusieurs végétaux offrait des différences. Il est donc possible que l'acide gallique retiré du café ne soit pas absolument le même que celui de la galle, mais ce n'est pas un acide particulier.

RÉSUMÉ.

Il paraît démontré, d'après l'analyse ci-dessus, que la graine de *coffëa* ou café du commerce,

---

(5) La fécule de pomme-de-terre ne ressemble point à celle du froment : celle-ci diffère de la fucule de manioc, de celle du sagou, du salep, de l'árum, du maïs, etc. Cependant les Chimistes diront de toutes que c'est une substance amilacée, et y retrouveront les mêmes caractères principaux.

contient un mucilage abondant, beaucoup d'acide gallique, une résine, une huile essentielle concrète, de l'albumine, et un principe aromatique volatil. A ces principes se joignent ceux que l'on trouve dans beaucoup de végétaux; savoir, la chaux, la potasse, le fer (6), le charbon, etc. La torrefaction développe les principes solubles; mais elle doit être modérée, si l'on veut conserver l'arôme et ne pas décomposer l'acide, la gomme et la résine.

La torréfaction ajoute un principe nouveau, qui est le tanin (en très-petite quantité); l'infusion à froid est très-aromatique, mais peu chargée de mucilage et d'acide gallique; l'infusion à chaud conserve de l'arôme, et les principes dissous y sont dans des proportions qui flattent le goût. La décoction a peu d'arôme et est fort chargée de gomme et d'acide gallique; la résine même peut s'y trouver suspendue; elle est moins agréable que l'infusion.

Les cafés de Bourbon et de la Martinique ne présentent pas de différence sensible entre eux, mais le Moka, comme nous l'avons déjà remarqué, c'est plus aromatique, moins gommeux et plus résineux. Il est probable que la résine de

---

(6) La présence du fer dans un végétal est une chose commune; mais la présence du fer dans un végétal qui contient beaucoup d'acide gallique, sans que cet acide lui soit combiné et qu'il ait donné une couleur bleue ou noire au végétal, est un phénomène très-remarquable. Il m'a paru digne de recherches; et j'ai fait comparativement l'analyse des cendres de la noix de galle, où j'ai trouvé également une quantité notable de fer.

café, comme celle de la plupart des végétaux astringens, a des propriétés médicinales particulières. Comme on ne peut l'obtenir ni par l'infusion, ni par la décoction aqueuse, l'usage habituel du café ne peut éclairer sur son action dans l'économie animale. C'est aux médecins à faire à ce sujet les expériences qu'ils croiront utiles.

S'il m'est permis de tirer de cette analyse des préceptes applicables à l'usage économique du café, je dirai qu'il est possible de prendre d'excellent café avec toute espèce de graine du café du commerce, pourvu qu'elle ne soit point avariée. Les amateurs recherchent trois choses dans le café qu'ils prennent : ils veulent y trouver un arôme agréable, une saveur légèrement austère, une belle couleur, une certaine densité qu'ils appellent *corps* (7). Pour remplir toutes ces indications, je crois qu'il faut opérer de la manière suivante :

1°. Choisir un café qui, sec, n'ait aucun goût de moisi ou qui ne soit point mariné.

2°. Partager la quantité qu'on veut brûler en deux parties égales.

3°. Torréfier la première simplement jusqu'à ce qu'elle ait une couleur d'amandes sèches ou chapelures de pain, et qu'elle ait perdu $\frac{1}{8}$ de son poids.

(7) Quelques Orientaux mettent tant de prix à cette densité, qu'ils réduisent leur café en poudre très-fine, laissent le marc dans leur infusion et la prennent épaisse comme une bouillie claire.

4°. Torréfier la seconde partie jusqu'à ce qu'elle ait la couleur brune-marron, et qu'elle ait perdu $\frac{1}{5}$ de son poids.

5°. Mêler ces deux parts ensemble et les moudre.

6°. Ne brûler et n'infuser le café que le jour où l'on doit le prendre.

7°. Verser sur 4 mesures (8) de café 4 tasses d'eau froide, mettre cette infusion écoulée à part.

8°. Verser sur le même café 3 tasses d'eau bouillante, et mêler l'eau qui s'écoulera avec la première. On doit obtenir ainsi 3 tasses de café.

9°. Faire chauffer brusquement ce café au moment de le prendre, et ne point le laisser bouillir.

10°. Se servir pour infuser d'un vase de porcelaine, de faïence ou d'argent (9).

Tel est le procédé que conseille la théorie, et j'ai la preuve qu'il est le plus conforme à l'économie.

---

(8) Une mesure de café pèse une demi-once.

(9) Les appareils de *Belloy* ou de *Henrion*, ferblantiers, peuvent servir de modèles en les exécutant en argent ou en porcelaine.

DU CAFÉ,

ET DE SES DIVERSES PRÉPARATIONS.

J'ai cru devoir faire précéder la partie économique de cette Dissertation, par des observations sur les moyens employés à l'extraction par l'eau des principes solubles des végétaux et des animaux. Ces observations éclaireront l'économie sur l'abus de combustible et de tems qu'elle emploie pour diverses préparations du ménage; l'énonciation sèche d'un précepte ne fait pas fortune; il faut convaincre, et c'est le droit qu'a le raisonnement.

Solution par l'eau de la partie extractive des végétaux, applicable à diverses préparations de l'économie médicale et de l'économie alimentaire.

Il existe quatre moyens d'extraire par l'eau les principes solubles des végétaux :

La macération,
L'infusion,
La digestion,
La décoction.

La macération ne demande que l'eau froide ; elle est souvent admise comme préparatoire, à l'effet de ramollir, humecter et pénétrer d'eau la substance végétale.

L'infusion qui emploie l'eau communément bouillante, est presqu'exclusivèment appliquée aux substances aromatiques.

La digestion est la prolongation de l'infusion pour les substances dont les principes sont plus lents à extraire.

La décoction, enfin, est l'action plus ou moins continue de l'eau en ébullition, sur les parties des végétaux qu'on suppose ne devoir abandonner que plus difficilement ces mêmes principes. Ce sont principalement les substances ligneuses et corticales, pour lesquelles on prescrit la décoction.

Etablissons en principe, qu'il y a peu ou point de substances végétales, même les plus dures et les plus sèches, bois, écorces ; prenons pour exemple le gaïac et le quinquina, qui, divisés mécaniquement, n'abandonnent à la digestion, disons même à la simple macération dans l'eau, leurs principes solubles, au moins ceux qu'on cherche à obtenir sous les rapports médicamenteux et sous plusieurs rapports économiques ; car l'extraction chimique veut d'autres menstrues.

Maintenant étendons ce principe, qui intéresse l'économie médicamenteuse et alimentaire, à un des procédés de l'économie domestique qui est le plus en opposition avec ces mêmes principes ; c'est la préparation du café.

J'ai fait la première application de ce principe à la préparation des boissons usuelles dans les hôpitaux, où les décoctions emploient beaucoup de tems, exigent une multiplicité de fourneaux et consument beaucoup de combustible.

L'expérience fut de soumettre à la décoction et à la digestion six des mêmes substances, savoir : la racine de patience, celle de chicorée, d'énula-campana, etc., etc.

Les infusions étaient toutes d'une grande limpidité, d'une couleur franche, ayant l'arôme et la saveur propres au végétal.

Les décoctions, au contraire, avaient moins de limpidité, plusieurs étaient troubles, leur couleur plus intense et foncée; leur saveur infiniment plus désagréable et ayant à peine leur arôme particulier. Car la décoction extrait, le plus souvent, d'arrières-principes, qu'on ne recherche pas. C'est une substance astringente ou résineuse que la décoction confond avec l'extrait aqueux, et dont elle dénature les effets.

Les sens seuls eussent donc déterminé la préférence à donner aux digestions sur les décoctions, mais l'évaporation des unes et des autres, à la douce chaleur d'un bain de sable, ne permit plus de doute sur cette préférence, les quantités respectives du même extrait variant par l'infusion du quart au tiers en sus.

A quoi donc sert la décoction ? et n'est-on pas fondé à conclure que, loin de remplir le but qu'on se propose, elle s'en éloigne ; qu'elle détruit les principes, après les avoir extraits ; que chaque moment de l'ébullitiou, chaque bouillon de l'eau, les altère, les décompose, les détruit; en sorte qu'odeur, couleur et saveur, tout est dénaturé ?

Avec les substances mêmes qui, pour cuire, requièrent la décoction, telles que les substances animales; si l'ébullition est tumultueuse, elle extrait et détruit, tout à la fois, leurs principes les plus essentiels. Le bouillon fait dans de vastes chaudières donne infiniment peu de parties extractives, tandis que les mêmes proportions de viande et d'eau, donnent, par une ébullition lente et à peine sensible, un bouillon riche en extractif et en gélatine. Aussi dans les hôpitaux faudrait-il subdiviser ces vastes chaudières, ces masses de viande, pour obtenir un bouillon plus *corcé*, plus substantiel; ce serait doubler l'aliment. Rien de plus ordinaire, dans l'économie domestique, que cette différence entre deux bouillons faits avec la même viande, l'un bien conduit mijotant à petit feu, l'autre brusqué; le premier est un *consommé*, le second de l'*eau de vaisselle*. Tout est égal d'ailleurs, sauf le degré de chaleur; d'un côté mijotage, de l'autre ébullition. Un pot-au-feu mijotant est, pour la bonne ménagère, ce qu'était, pour une vestale, la conservation du feu sacré.

Telle substance végétale abandonne à l'eau froide les principes extractifs et salins qu'on cherche à obtenir; telle autre substance veut de l'eau chaude, mais nulle, mécaniquement divisée, ne peut exiger l'ébullition, sur-tout prolongée. L'eau chauffée, de cinquante à soixante degrés, extrait et n'altère pas ; mais à quatre-vingt elle agit, et comme menstrue, et comme calorique porté à un degré qui altère, décompose et dénature.

Prenons pour exemple, dans l'économie alimentaire, parmi les végétaux, le choufleur, et la morue parmi les substances animales ; si on fait cuire le choufleur ainsi que la morue dans de l'eau, cette eau contracte, à l'instant même ; une odeur infecte ; il en est peu d'aussi intolérable. Cette odeur est l'effet de la réaction de l'eau bouillante ; elle n'appartient ni à l'une ni à l'autre de ces substances qui, sans coction préalable, et mise sur le feu, avec le beurre, ou le jus destiné à le préparer, n'ont rien de cette odeur, conservent au contraire le goût et la saveur qui les caractérisent, et que leur enlève cette cuisson à l'eau ; aussi cette manière, de les cuire immédiatement, est-elle la meilleure. Ainsi donc, dans les cas dont il s'agit, l'eau, plus 80 degrés de calorique, ont réagi sur les principes, les ont désorganisés et réorganisés de manière à substituer cette émanation gazeuse et infecte à leur arôme : odeur et saveur en ont été dénaturées.

Ces observations nous ramènent à la préparation du café.

La théorie dit que s'il est une substance à laquelle on ne doive pas appliquer l'ébullition, procédé cependant le plus généralement usité, c'est le café, substance parfumée et dont l'immersion dans l'eau bouillante, suffit pour en développer le germe ; à combien plus forte raison doit-on le soustraire à cette ébullition, à ces quatre-vingt degrés de chaleur, quand la torréfaction en a développé tous les principes, bien plus faciles alors à extraire, car alors son arôme si fugitif, son huile essentielle si volatile, ses parties extractives si abondantes et si solubles; tout est évaporé ou décomposé.

DES DIVERSES PRÉPARATIONS.

MAINTENANT passons en revue cette succession des diverses manières de faire le café, qui toutes se réduisent à l'ébullition et à l'infusion; ces deux opérations différemment modifiées.

Ebullition.

ON prépare le café par ébullition en le mettant soit à l'eau froide, soit à l'eau bouillante.

Ebullition à l'eau froide.

LE café mêlé à l'eau froide, on le fait bouillir jusqu'à ce qu'il soit précipité, que la mousse ait disparu et que l'ébullition devienne paisible comme celle de l'eau.

La liqueur reposée, on la verse doucement pour ne pas agiter le marc, et on prend le café chaud, ou on le tire au clair, pour ensuite le réchauffer, au moment de le servir.

Réchauffer le café n'est pas une opération indifférente, elle concourt à la bonté du café; mais pour du café par ébullition, elle devient superflue et ne tend qu'à l'affaiblir.

La liqueur a souvent de la peine à éclaircir, et

on en provoque la clarification, soit par un peu d'eau froide, qu'on verse de haut, dans les derniers bouillons, soit en posant la cafetière sur un corps froid, ou l'isolant avec une pièce de monnaie, pour opérer le refroidissement de sa base; c'est encore au moyen du sucre qu'on fait dissoudre à la surface de la liqueur, ou enfin, au moment où on le retire du feu, de la colle de poisson, qu'on ajoute : car le café par ébullition est quelquefois bien lent à se clarifier. Effet assez ordinaire de la décoction qui, après avoir extrait les principes solubles, extrait encore d'arrières-principes qui ne le sont pas, et qu'elle tient en demi-dissolution. Et le plus souvent c'est du parenchyme qui demeure suspendu. Ce léger nuage est au café, ce qu'est la lie, dont les plus légers atômes altèrent la qualité du vin.

Décoction du marc.

On met, le jour même, bouillir son marc, qu'on tire à clair, pour le café du lendemain. Il y a loin de cette double ébullition à l'infusion ! Aussi l'ébullition est-elle, de toutes les manières de faire le café, la moins bonne, indépendamment de ce que c'est le moyen de lui enlever ses principales propriétés.

Ebullition à l'eau bouillante.

Au lieu de mettre le café dans l'eau froide, ou on le met dans l'eau bouillante, ou on verse l'eau bouillante dessus ; on a soin, pour éviter le flot de la mousse, de ne mettre le café dans l'eau, ou de ne la verser sur le café que peu à peu. Quant au surplus, on suit la manière précédente : ébullition complète, précipitation du café, disparition de la mousse, clarification, repos sur le marc ; on tire à clair ; et, bien entendu, marc rebouilli !

Ce café diffère peu du précédent, si ce n'est que l'ébullition étant moins attendue, le café languit moins au feu, il s'éclaircit plus facilement. A tout prendre, cette sorte de manière serait préférable à l'autre, si nous ne proscrivions pas sans restriction la décoction.

Du café à la chausse.

On a imaginé de faire du café à la chausse ; si ce moyen mérite la préférence sur l'ébullition, il n'en a pas moins beaucoup d'inconvéniens, que voici :

C'est l'eau de marc qu'on a fait bouillir qui est destinée au nouveau café. Nous verrons ce qu'est l'eau de marc.

On repasse à plusieurs fois dans la chausse le premier café écoulé ; en sorte qu'on emploie un fluide, déjà surchargé de principes dissous, à en dissoudre de nouveaux.

Par ce moyen le marc retient, selon son volume, une ou plusieurs tasses de café tout fait, le même que celui qui a été dressé dans les tasses ; et c'est à l'effet de reprendre au marc cette portion, qu'il retient par son imbibition, qu'on le fait rebouillir.

On conçoit que mieux vaudrait passer sur ce

marc de l'eau froide ou chaude pour le laver, et employer au café du lendemain cette eau de lavage chargée du café fait qu'avait absorbé le marc. Voilà le conseil que doivent suivre ceux qui persisteraient à faire leur café à la chausse.

Mais il y a aussi quelques autres inconvéniens qu'on peut reprocher à la chausse. Neuve elle n'est pas exempte d'odeur ; d'ailleurs elle s'engraisse promptement et est difficile à nettoyer, ce qui altère la qualité du café; ensuite rien n'est sale à l'œil comme une chausse même bien lavée. Le jaune d'œuf est ce qu'il y a de mieux pour nettoyer, dégraisser une chausse.

Enfin, si le café à la chausse n'est pas réchauffé, il a un inconvénient de plus pour beaucoup de gens. Il est fort, car par cette méthode il faut le prodiguer, mais il n'est pas *nourri*, *fondu*, n'a point le *mâcher*, et c'est le grand mérite de tout ce qui est odeur et saveur.

Puisque nous parlons de la chausse, citons un exemple de comparaison du même café fait à la chausse et fait par notre procédé ; c'est-à-dire dans un appareil de porcelaine et à l'eau simplement chaude.

L'un de nos Princes, que je n'avais pas cru devoir entretenir de ces détails économiques, quoique l'économie soit du nombre de ses vertus, comme étant celle qui peut le plus étendre la bienfaisance ; ce Prince me témoigna le désir de connaître mon procédé dont on lui avait parlé. Le chef d'office, homme très-instruit, convaincu des inconvéniens de tous les procédés admis, même de la chausse à laquelle il prépare habituellement son café ; convaincu sur-tout de l'inconvénient des vases de fer-blanc, que cependant il employait, se trouva très-disposé à accueillir ce qui pouvait concourir à la perfection de cette boisson que, jusques-là, on ne prenait nulle part meilleure. L'économie de café et de sucre, sur laquelle je crus pouvoir insister d'après les principes d'ordre qui régissent cette maison, fut un motif de plus de la détermination de cet officier. Le lendemain donc, au déjeûner du Prince, on servit des deux cafés, et deux tasses furent mises près de chacun des convives, pour pouvoir les juger par comparaison. Sans autre prétention que celle du mieux, le chef d'office en nous servant les deux cafés, annonça que le sien ne pouvait pas soutenir cette comparaison. Le jugement de cet officier fut complètement ratifié, et des ordres sont donnés à la manufacture *Nast* de construire des *appareils d'office*.

DES APPAREILS D'OFFICE.

Comme la quantité de café à préparer diffère d'un jour à l'autre, qu'un trop grand appareil aurait l'inconvénient de servir rarement, ce qui en exigerait de moindre volume et multiplierait la dépense, j'ai préféré qu'on les réduisît à vingt tasses ; en sorte qu'avec deux de ces appareils on pût faire, à deux fois, jusqu'à 80 tasses de café, sur-tout pouvant le préparer de la veille ; ce qui, dans les grandes maisons, évite nécessairement un grand embarras, celui de brûler son café le matin, de le moudre pour ne le faire qu'au moment même de le servir, toutes conditions que n'exige point notre procédé; peut-être même gagne-t-il à être fait un ou deux jours à l'avance: car je laisse bien aux amateurs quelques petits tâtonnemens encore à faire; il me suffit de les avoir mis sur la bonne route.

Parlons maintenant de réchauffer le café; car, de quelque manière qu'on le prépare, réchauffer contribue à le rendre beaucoup meilleur parce qu'il est plus nourri, excepté toutefois s'il est préparé par ébullition, car elle a déjà détruit une partie des principes du café.

Réchauffer le café.

Le café qui vient d'être fait avec un café nouvellement torréfié et broyé, est très-bou sans être réchauffé; mais mijoté au feu il est incomparablement meilleur, et s'il est préparé d'avance, il faut bien le réchauffer. Or, rien ne contribue plus à augmenter ou diminuer sa bonté que la manière de le réchauffer.

Réchauffer le meilleur café sans soin et souvent jusqu'à l'ébullition, c'est lui enlever son parfum et sa qualité. Il perd sa belle robe; si la cafetière n'est pas pleine, il prend un goût de roui, et il ne saurait plaire à un amateur de café.

Du mijotage.

Quelques maîtresses de maison qui, pour mieux faire les honneurs de chez elles, s'occupent avec intérêt des petits détails qui multiplient les jouissances de la table, ce qui est peut-être moins dans nos mœurs actuelles, se chargent du soin du café. Il est fait du matin, et une heure avant dîner on le fait mijoter, c'est le tenir à une certaine distance du feu dans une cafetière d'argent bien close. Il ne doit pas y bouillir, pas même frémir, si ce n'est au moment de le dresser, pour pouvoir le donner très-chaud, qualité qu'on recherche et qui est bien une de ses qualités digestives.

Le café exposé à un feu vif.

L'AUTRE manière est d'exposer le café à un feu vif et ardent, pour le retirer à l'instant du frémissement qui précède l'ébullition.

Le proverbe dit que *dîné réchauffé ne valut jamais rien;* on l'a appliqué au café : mais vrai pour le dîné, ce proverbe ne l'est surement pas pour le café; le café préparé suivant le procédé qui va être décrit, gagne en qualité lorsqu'il est réchauffé.

Voici un fait que je tiens de *Beaumarchais*, un de ces hommes qui ne savait rien à demi, et portait à tout le degré d'intérêt que la chose mérite. Il ne consommait chez lui que du café Moka : dînant chez le duc *de la Vallière*, et interrogé sur la bonté du café : excellent, répondit *Beaumarchais*, et tel que doit être du café moka bien fait; c'était du café Bourbon. Cette similitude de qualité venait de la manière d'abord de faire le café, et sur-tout de le réchauffer pour le servir. Or cette manière est la brusque et vive caléfaction dont il s'agit. Quelques jours après *Beau-*

marchais donnant à dîner, engagea l'officier du Duc à venir chez lui préparer du café Bourbon à cette manière, et les convives de *Beaumarchais*, accoutumés à son moka, le prirent pour tel.

Observons qu'une chaleur ou continue ou à laquelle on expose à plusieurs reprises telle substance, contribue beaucoup à l'améliorer. C'est la continuité d'une douce température qui mûrit les fruits, au fruitier, le café vert, le tabac, les vins, les liqueurs. Aussi le fond de calle d'un vaisseau, ou le grenier, sont-ils les seules caves où les vins liquoreux acquièrent leur perfection.

Mais ne nous bornons pas à prescrire le réchauffé, disons comment agit sur le café la continuité du calorique.

Ce mijotage, ou ce coup de feu, marie, combine les principes encore un peu isolés du café, il en fait un bouquet; ce sont des fleurs dispersées qu'il réunit. Il dégage du café une huile volatile, essentielle, dans laquelle réside la partie aromatique du café, et qu'on aperçoit quelquefois à la surface des premières tasses dressées. Mais si un degré de chaleur déterminé, forme et dégage cette huile; on conçoit que l'ébullition, et sur-tout dans un vaisseau découvert, doit le volatiliser entièrement, et dès-lors lui enlever parfum et saveur.

Une femme qui aime fort le café et qui se sert habituellement du mot qui peint bien, en prenant du café à la chausse ou à la *Belloy*, cafés qu'on ne réchauffe pas, dit: « Ce café est bon; » j'y consens: mais il y manque quelque chose;

» je ne le trouve pas *fini*. » Rien de plus juste que cette expression, et nous verrons ce qu'est ce *fini*-là.

Pendant ce mijotage il se sépare en outre du café une substance résineuse, âcre et amère, tenue en dissolution, qui se dessèche, se sépare et tombe sous forme pulvérulente, demi-charboneuse qu'on aperçoit quelquefois au fond de la tasse, ce n'est pas du marc (1). Réunissez-la et la pressez entre deux doigts, elle s'agglomère comme une résine. Il n'y a pas de cafetières destinées à faire bouillir habituellement le café dont les parois n'offrent une couche plus ou moins épaisse de cette substance résineuse : or, sa séparation ajoute à la bonté du café.

Prenons des exemples de cet effet d'une chaleur douce et continue dans le café à la crême, le chocolat. On préfère au simple mélange du café et de la crême fait dans la tasse, celui qui a mijoté au bain-marie. Ce dernier se recouvre d'une pellicule jaunâtre, de laquelle s'échappe quelques gouttelettes huileuses qui sont le mélange du beurre de la crême et de l'huile essentielle du café. La coloration en brun de ces gouttelettes atteste l'union de deux substances huileuses. Dans cet état le café à la crême est beaucoup plus savoureux et laisse même un arrière-goût de chocolat-vanille, ce qui est une modification du mélange huileux.

---

(1) Si le café a été clarifié avant d'être soumis à cette ébullition, ce n'est plus de la résine qui se précipite, mais de l'extractif oxigéné.

Le chocolat est dans le même cas ; le meilleur est celui qui, fait de la veille, est réchauffé ; *il est fini.* Dans le chocolat récent on distingue canelle, vanille ; dans le chocolat fait à l'avance et réchauffé, ce n'est plus qu'un arôme fondu dans le beurre du cacao.

Les crêmes au café, au chocolat ne doivent la saveur qu'elles possèdent, qu'à la longue et douce ébullition qu'elles subissent, ce qui en modifie l'arôme et le goût.

Nous disons donc que la chaleur est un moyen de maturité qui supplée au tems, que c'est le tems ou la chaleur qui combinent, modifient les saveurs, les odeurs, de manière à en fondre les nuances et à en faire un tout agréable et homogène, car il y a pour chacun de nos sens une véritable musique, une harmonie, et nos sybarites s'aperçoivent bien quand la note est fausse.

Infusion par l'appareil de Belloy.

Nous voici arrivés à la manière de préparer le café avec l'appareil de *Belloy*. Décrivons d'abord cet appareil.

Il consiste en un double fond destiné à recevoir de l'eau bouillante pour entretenir le café chaud. C'est un bain-marie dans lequel plonge la cafetière qui reçoit le café à mesure qu'il filtre.

Au-dessus de cette cafetière est un vase, une capsule destinée à l'infusion : appelons-le *l'infusoir* ; ce mot évite une périphrase. Il est oblong et cylindrique, son fond est un diaphragme ou crible qui retient le café pulvérisé et à travers lequel filtre l'infusion.

Un fouloir sert à tasser le café ; compression qui fait que la liqueur, filtrant plus lentement, se charge de plus de parties extractives du café.

Une écumoire est posée à la surface de la capsule ; elle a pour objet d'empêcher que le flot de l'eau, par sa chûte ne soulève le café comprimé.

Le tout ainsi disposé on verse l'eau bouillante ; elle traverse, plus ou moins lentement, la couche de café et filtre dans la cafetière destinée à recevoir l'infusion qui s'y tient chaude à la faveur du bain-marie.

Cette manière de faire le café, si simple, est l'application du procédé employé à lessiver les cendres, les plâtras ; c'est une véritable lessive. Mais l'application, d'un moyen déjà connu, à une chose nouvelle, ne diminue en rien son mérite, lorsqu'il remplit son but. Cependant cet appareil, tout ingénieux qu'il soit, est susceptible de quelques modifications et sur-tout de plus de simplicité.

Proscrivons d'abord le fer-blanc, car il n'est pas sans reproche, et son exclusion est fondée sur un grand inconvénient.

L'argent conviendrait fort, mais son prix devient un autre titre d'exclusion. D'ailleurs pour un appareil en argent il y en aurait mille en fer-blanc.

Nous y substituerons la porcelaine. Parlons d'abord des inconvéniens du fer-blanc.

Il résulte de l'analyse du café, qu'il contient de l'acide gallique, acide qui dissout le fer.

Or, la surface du fer-blanc n'est jamais assez également recouverte d'étain, pour défendre le fer de l'action qu'exerce sur lui l'eau et sur-tout un air humide ; aussi beaucoup de points de la surface du fer-blanc ne tardent pas à présenter de la rouille, sur-tout dans les angles, dans les parties soudées ; mais c'est principalement le crible dont l'intérieur de chaque trou est du fer à nu ; car c'est la surface seulement du fer que l'étain recouvre. Il suffit d'examiner l'intérieur de l'appareil après un mois de service, pour apercevoir tous ces points de rouille, et cette dissolution du fer est d'autant plus rapide, que l'appareil sera confié à des domestiques peu soigneux, qui y laissent un reste de café, sur-tout le marc sur son crible.

Alors que prend-on ? Une infusion de café; plus, DE L'ENCRE ; ce dont il est bien facile de s'assurer, en recevant dans une cuiller la dernière portion de celui qui s'écoule ; il est noir à l'œil; et à la bouche, c'est une plume mal essuyée que vous passez sur la langue. Qu'on flaire la boîte destinée à recevoir le café ; cette boîte refroidie, exhale une odeur désagréable. Enfin, l'expérience comparative de deux infusions faites, l'une dans l'appareil de porcelaine, l'autre dans celui de fer-blanc ; le café de la dernière a une couleur moins franche, un peu moins de limpidité et une altération de goût très-sensible.

L'étain n'aurait pas un pareil inconvénient, mais il est passé de mode dans l'économie domestique, et un appareil de ce métal n'aurait pas fait fortune; d'ailleurs il a de l'odeur.

De l'appareil de porcelaine.

C'est pour cette raison que j'ai invité un de nos plus célèbres manufacturiers, M. *Nast*, rue des Amandiers, faubourg Saint-Antoine, à construire ces appareils en porcelaine, et déjà l'économie peut en jouir : tout jusqu'au crible est porcelaine. On n'a plus rien à redouter d'une pareille matière; car enfin, l'argent même est allié de cuivre, et les vaisseaux de ce métal exigent encore de la prévoyance, sur-tout quand ils sont neufs; celle de les faire bouillir dans du vinaigre, pour opérer la dissolution de l'alliage au moins de la surface; sans quoi on ne peut pas laisser des ragoûts séjourner impunément dans des casseroles d'argent neuf ou remis à neuf; car combien de soins, de surveillance, exige notre pauvre économie animale!

Si l'appareil de porcelaine se casse, celui de fer-blanc se corrode et se détruit, ajoutant journellement à l'altération de la saveur du café, par la dissolution de sa rouille qui augmente chaque jour pendant la durée de son service.

Cet appareil est en porcelaine blanche; sa forme est élégante; les ornemens viendront après; car c'est l'économie plutôt que le luxe qu'on a voulu servir, et l'une des premières conditions était de mettre ces appareils à un prix tel que la concurrence ne pût pas le porter plus bas, et qu'il excédât de très-peu celui des appareils en fer-blanc, malgré le plus d'avantage qu offre.

Le prix de ces appareils n'est pas encore défini tivement arrêté; cependant l'Economie peut se régler sur celui de 10 fr. pour l'appareil de deux tasses; de 15 fr. pour celui de six, et progressivement d'environ 24 fr. pour l'appareil de douze tasses.

Pouvant préparer son café un ou deux jours à l'avance, l'appareil de douze tasses peut suffire à une grande maison.

Le prix de ces appareils n'excède donc pas celui des appareils de fer-blanc, et c'est tout ce que l'Economie pouvait désirer. Si une pièce de l'appareil de porcelaine se casse, on n'a qu'une pièce à réparer, tandis que celui de fer-blanc se rouille et se détruit en entier; car tout est calcul pour l'économie.

Revenons maintenant à la modification du procédé, à son plus de simplicité, et conséquemment à celle de notre appareil.

Nous établissons en principe, que le café fait doit être réchauffé : nous ne reviendrons pas sur ce que nous avons dit à ce sujet; ce principe est admis par les amateurs de café. Infusé il est bon; réchauffé il est meilleur, et ce n'est qu'alors qu'il jouit de toutes ses qualités De plus, ce n'est pas l'eau bouillante que nous allons employer; c'est de l'eau chaude de cinquante à soixante degrés : raison de plus pour qu'il soit réchauffé; car le résultat de cette dissertation, sera : *un vase de porcelaine substitué à ceux de métal; l'infusion à l'eau chaude de cinquante à soixante degrés*, ou tout simplement, *l'infusion à l'eau froide*. Voilà donc comme en tout la perfection tient à *un rien*, et ce sont les *riens* qu'il est difficile de saisir. Ce rien-ci a exigé une analyse, un vase d'une autre matière, un instrument aréométrique, et le tâtonnement de cent modifications d'expériences, et c'est ainsi que d'un rien on fait quelque chose.

Le bain-marie, qui complique l'appareil de *Belloy*, devient inutile.

Cependant nous substituons, pour les petits appareils d'une ou deux tasses, une lampe à l'esprit-de-vin, qui élèvera la température du café au degré convenable, l'entretiendra mijotant, sans transvasement, sans déplacement.

Quant aux appareils de quatre, six, huit et douze tasses, le bain-marie est supprimé; ils consistent donc dans la cafetière et l'infusoir, un seul et même couvercle pour tous deux; enfin, un fouloir qui, percé à jour, sert tout à la fois, à tasser le café sur le crible, à le tenir comprimé pendant l'infusion, et à empêcher par-là qu'il ne s'enlève pour venir nager à la surface de l'eau, ce qui dérobe cette portion du café à l'action du dissolvant. On trouvera des appareils garnis du petit entonnoir pour recevoir l'eau.

Avant de procéder à la préparation du café, établissons quelques données de poids, mesures et produits en café fait; l'économie veut ces détails préalables.

La livre de café perd de deux onces et demie à trois onces par la torréfaction; s'il perd trois onces il est trop brûlé; ainsi les seize onces de café vert se réduisent à treize onces et demie de café brûlé : admettons treize onces. La mesure ordinaire, en fer-blanc, dans notre appareil est en porcelaine; mesure qui doit être remplie raz, parce que le comble n'a rien de précis. A défaut de mesure, une cuiller à bouche comble est la quantité réputée de café par tasses d'eau. Cette mesure pèse demi-once : dans nos expériences nous avons pesé.

Du Caféomètre.

L'ARÉOMÈTRE est un instrument destiné à connaître la pesanteur spécifique des liquides ; il est aux liquides ce que le baromètre est à l'atmosphère, et ce que le thermomètre est à la température.

Le caféomètre n'est autre chose qu'un aréomètre ou pèse-liqueur; mais dont les degrés ont une distance plus grande pour mieux apprécier les nuances différentes de pondération. Dans l'eau pure il plonge à zéro, qui est à la pesanteur ce que dans le thermomètre ce même zéro est à la congélation. Les degrés au-dessous du zéro, indiquent dans le caféomètre les degrés de cette pesanteur comme dans le thermomètre ceux du froid.

Rien de plus simple que la marche et l'emploi de cet instrument : on a son tube de verre, à pied, de la capacité d'une tasse de café; on verse le café froid dans le tube, on y plonge le caféomètre, et on examine le degré que le café porte.

On conçoit que marquant zéro dans l'eau, le

tige va s'élever et marquer un, deux, trois, quatre degrés selon la force du café. Six degrés divisés par huitièmes, composent l'échelle.

Ce caféomètre a été construit par M. *Chevalier,* ingénieur-opticien, quai de l'Horloge du Palais, chez lequel on trouve cet instrument.

DU CAFÉ PAR INFUSION.

Nous préparerons le café par infusion, de trois manières qui donneront des résultats différens, en quantités de principes, en couleur, en arôme, en saveur, et conséquemment en qualité, mais sur-tout en vertu ; différences que nous assignerons dans nos expériences, pour comparer en même tems les résultats des trois procédés.

Ces trois manières sont, l'infusion par l'eau bouillante.

L'infusion par l'eau chauffée de cinquante à soixante degrés.

L'infusion par l'eau froide.

Nous procédons sur le café Martinique.

Infusion par l'eau bouillante.

Ce sont cinq mesures de café, chacune du poids de demi-once, et conséquemment deux onces et demie que, dans nos expériences premières, nous avons fixé pour six tasses. Il faut y employer de sept tasses à sept et demie d'eau, parce que le marc, selon que le café est plus ou moins pulvérisé au moulin, absorbe du double aux deux tiers de son poids d'eau.

Les cinq mesures sont mises dans l'infusoir et bien foulées. Plus le café est tassé, plus lente est la filtration, et conséquemment, plus l'infusion se trouve prolongée.

On laisse le fouloir sur le café; percé à jour, il laisse filtrer l'eau et s'oppose, comme on l'a observé, au soulèvement du café; on verse les sept tasses d'eau bouillante en deux fois; on peut attendre que le café commence à couler pour verser le surplus.

Nous allons suivre l'écoulement des six tasses. Séparons chacune d'elles, et voyons la quantité de principes solubles que l'eau va successivement extraire. Le caféomètre va prononcer, puis les sens, l'œil, l'odorat et le goût.

Pondération au Caféomètre du café à l'eau bouillante.

Tasses.	Degrés.	Huitièmes.
1re	3	»
2e	1	4
3e	1	1
4e	»	4
5e	0	0
6e	0	0
TOTAL	6	$\frac{1}{8}$

Le mélange donne un café qui pèse un degré.

Nous verrons combien ces produits vont différer par les deux autres infusions; à l'eau chaude et à l'eau froide.

On conçoit combien il doit exister de différence dans la qualité de chacune de ces six tasses.

La première serait de la quintessence de café ; cette première et la seconde, en seraient l'essence, ayant tout le parfum, toute la saveur du café, une très-légère amertume ; la troisième est du bon café ; la quatrième du petit café ; la cinquième en mérite à peine le nom, et la sixième est bonne à jeter ; c'est non-seulement de l'amertume, mais de l'âcreté, de l'astriction, enfin une odeur et un goût d'empyreume, sur-tout dans les cafés de qualités médiocres ou trop brûlés ; aussi proposerais-je de la remplacer par une tasse d'eau.

C'est avec l'eau qu'on coupe son vin et non avec la vinasse du jardinier ; notre dernière tasse est chargée d'arrières-principes qui altèrent la qualité du tout.

Si le café n'était que raffinement de volupté, ainsi que le sont les parfums, on le voudrait le plus agréable possible ; mais quoique l'homme ait déjà trop de besoins factices pour qu'on ait à lui en créer de nouveaux, cependant le café a des propriétés constantes ; il convient à plusieurs constitutions ; et la santé se répare avec des remèdes en général si dégoûtans, qu'il est bon d'en offrir d'agréables, et aucun ne l'est plus que celui-ci.

Rien de plus frappant que cette décroissance d'arôme, de saveur et conséquemment de principes dissous ; il en est de même de la couleur.

Les deux premières tasses sont d'une belle et riche robe de café, qui perd successivement de son intensité, et ne donne plus aux deux dernières qu'une couleur fausse.

Du marc.

Nous venons de voir ce qu'est la dernière tasse, cette dernière extraction opérée par l'eau; ce sont les arrières-principes du café, n'affectant que désagréablement les sens; confondus avec les premières tasses écoulées, il sont moins sensibles; mais cette dernière tasse seule n'est pas potable.

D'après cela on devine ce que doit être un pareil marc.

Conservé pendant quelques heures, sur-tout dans l'infusion de fer-blanc, il a une odeur véritablement repoussante, qui se rapproche un peu de l'odeur de pipe; qu'on juge si l'économie doit employer un tel marc, qui, rebouilli ne donne qu'un peu de parties gommeuses, masquées par l'odeur, la saveur et l'amertume les plus désagréables.

Nos cinq tasses de café écoulées et une sixième tasse d'eau pure, nous donnent six tasses de café suffisamment fort et bon. Mais ne remplaçons pas, si on veut, cette sixième tasse par une tasse d'eau, et réunissons-la aux cinq autres pour ne pas compliquer la manutention : plus de sensualité entraîne plus de soins.

Du Café infusé à l'eau chaude.

Plusieurs amateurs de café, dont le goût est très-exercé, s'étaient déjà aperçus que la qualité du café dépendait en partie du degré de chaleur de l'eau ; entre autres, une dame qui, en toutes choses, prétend au mieux, frappée du changement d'un jour à l'autre, de son café, fait sous ses yeux, par une femme de chambre cependant très-attentive, s'est assurée que cette différence tenait au plus ou moins de chaleur de l'eau destinée à l'infusion : son café était sensiblement plus délicat quand ce n'était pas l'eau en pleine ébullition, et cette observation est très-vraie.

Un de nos plus célèbres médecins, qui aime fort le café, a fait la même observation ; il n'emploie que l'eau chauffée à un certain degré, et prend son café *réchauffé*.

Nous allons, dans cette seconde expérience, offrir le résultat du café infusé à l'eau simplement chaude et ensuite réchauffé. C'est même nature de café, du Martinique ; même proportion de café et d'eau.

Ici, au lieu d'employer l'eau bouillante, nous l'employons chaude de quarante à soixante degrés ; on sait que l'eau bouillante est à quatre-vingt degrés.

Mais comme on ne fera pas son café le thermomètre à la main ; disons que ce degré de chaleur est celui qui permet à peine de présenter le bout du doigt dans l'eau sans se brûler, ou celui du thé qu'on verse dans la tasse.

Suivons également la progression d'écoulement de nos six tasses, et examinons-les au caféomètre.

Pondérabilité au Caféomètre.

Tasses.	Degrés.	Huitièmes.
1re.	4.	3
2e.	1.	5
3e.	».	6
4e.	».	4
5e.	».	2
6e.	».	1
TOTAL.	7.	$\frac{5}{8}$

Donc le mêlange des six tasses donne un café, dont chaque tasse pèse un degré cinq-huitièmes, et c'est du café fort; encore le café n'est-il pas épuisé. Epuisons-le de ses principes solubles à ce degré de chaleur de cinquante à soixante, et ajoutons une septième et une huitième tasse de nouvelle eau. Notre sixième qui coulait simplement tiède, n'a donné qu'un degré; cette septième, l'eau plus chaude, donnera deux-huitièmes, et la huitième, un huitième seulement. Voilà donc le café épuisé, à l'eau chauffée de cinquante à soixante degrés; en effet, ce marc rebouilli marque à peine au caféomètre.

A quoi donc peut servir l'eau bouillante, et sur-tout la décoction, puisque de l'eau chaude suffit à l'extraction complète des principes solubles du café?

Si l'instrument a rigoureusement assigné la pesanteur relative de ces huit produits, les sens n'en marqueront pas aussi exactement les nuances. Cependant le palais distinguera facilement le goût plus délicat de ce café. S'il a, comme on le voit, plus de principes dissous que celui infusé à l'eau bouillante, il est également plus parfumé, son amertume est sensiblement moindre; l'eau à quatre-vingt degrés avait extrait du café des arrières-principes, entre autres, plus du principe amer; aussi faut-il plus de sucre au café infusé à l'eau bouillante. Celui-ci a à peine de l'amertume à corriger; sa robe est agréable à l'œil.

C'est déjà, pour ainsi dire, une autre liqueur, tant les plus légères circonstances, et principalement l'action plus ou moins active du calorique, exercent d'influence sur l'arôme, la couleur et la saveur (1).

Dans le café à l'eau bouillante, nous avons jeté la sixième tasse pour la remplacer par une tasse d'eau pure, parce que cette sixième et même la cinquième donne zéro au caféomètre, et que surtout la sixième ne peut qu'altérer le goût du café.

Mais, par l'infusion à l'eau chaude, l'extraction des principes solubles est plus lente, et on n'extrait pas d'arrières-principes; aussi notre septième et huitième tasses, quoique bien faibles en qualité, peuvent être mêlées aux six autres tasses; car disons aux maîtresses de maison, mais point pour les convives, que cette septième et huitième tasse ajoutées aux six autres, sont

(1) Les végétaux cruds ou cuits, des œufs à la mouillette ou durcis, ne se ressemblent plus : la cuisine et l'office ne sont que l'art de la modification de saveur par la chaleur et le froid; témoin un sorbet chaud et un sorbet glacé.

encore un café égal, en principes dissous, à nos six tasses par l'eau bouillante ; que ce café, sans être très-fort, l'est suffisamment; qu'il est nourri, moëlleux, ayant du corps, et bon, sur-tout en le réchauffant ; à cette dose beaucoup de gourmets sont en défaut sur les proportions.

DE LA CONFECTION DU CAFÉ.

Nos expériences, les principes qui en sont les conséquences, les effets si différens que produisent sur l'économie animale, la variété des cafés faits d'après telles ou telles proportions, tel ou tel procédé, les goûts enfin que nous avons consultés, nous conduisent à nous résumer sur ces proportions et ces procédés divers.

Nous allons donc fixer ceux que l'économie doit définitivement adopter, et indiquer en même tems à la médecine, celui dont elle obtiendra le café doué des vertus les plus héroïques.

Nous désignerons ces différences, non pas par des épithètes de *quintessence*, *essence*, qui sentent un peu le charlatanisme et ne précisent rien ; les proportions respectives de café et d'eau, précisant rigoureusement les qualités, serviront de désignation. Ainsi le premier chiffre indique le nombre de mesures de café et le deuxième le nombre de mesures d'eau ; or, café de 4—4, dit 4 mesures de café pour 4 tasses écoulées, etc.

Cafés à diverses proportions.

La mesure de café pèse demi-once ;

La tasse d'eau pèse quatre onces ;

L'eau que le marc absorbe et retient, doit être ajoutée en plus ; or, cette portion d'eau dépend, ainsi qu'on l'a observé, du degré de torréfaction du café et de sa pulvérisation ; fixons-le au double du poids. Deux onces de café absorbent donc quatre onces d'eau : ainsi c'est une tasse de plus pour l'absorption de nos quatre mesures de café.

Café de 4—4.

Café, quatre mesures, deux onces.
Eau, quatre tasses, plus une pour l'absorption.
Pour quatre tasses de café écoulées ;
C'est ce qu'on appellerait de la quintessence de café.

Café de 4—5.

Café, quatre mesures ;
Eau, cinq tasses ; plus, une d'absorption.
Pour cinq tasses écoulées ;
Ce serait de l'essence de café.

Café de 4—6.

Café, quatre mesures ;
Eau, six tasses ; plus celle d'absorption.
Pour six tasses écoulées ;
C'est d'excellent café, ayant beaucoup de corps, et celui de banquet.

Café de 4—8.

Maintenant établissons les proportions telles que je les ai réglées pour mon économie domestique, et ajoutons que, depuis deux mois, il ne s'est pas élevé de réclamations sur le degré suffisant de la force de ce café, qui au caféomètre indique un degré, plus un huitième; et à ce degré le café est bon.

J'ai dû m'adresser à des hommes du métier, à des limonadiers avant tout; j'en ai consulté quatre des plus accrédités; mais sur-tout j'ai consulté des gourmets, gens de bonne compagnie, hommes et femmes, avant de fixer ces proportions, dont voici l'*ultimatum*.

Une bouillotte du Levant, contenant neuf tasses; la tasse de quatre onces: c'est la tasse ordinaire.

Les neuf tasses d'eau ou de *thé-levé* chauffées, on les verse sur deux onces de café. Nous parlerons du *thé-levé*.

Il s'écoule huit tasses, la neuvième est absorbée par le marc.

Les huit tasses écoulées, on verse cinq ou six tasses d'eau chaude sur son marc, pour son thé-levé du lendemain: quatre ou cinq tasses suffisent pour repasser sur le marc, et on complète les neuf tasses avec de l'eau.

Ces deux onces de café et ces neuf tasses d'eau donnent donc huit tasses, ce qui fait une pinte.

Or la livre de café vert, de 16 onces, se réduisant à 13 par la torréfaction, ces 13 onces, à 4 tasses par once, font 52 tasses d'un café qui réunit toutes les qualités désirables, belle robe, parfum, saveur; enfin une grande économie, sur-tout celle du sucre qui est du tiers à moitié.

Dans un de ces jurys de société, récemment

réuni pour prononcer sur notre café, chaque convive mit sa dose ordinaire de sucre dans sa tasse ; je les engageai à l'en retirer pour en tâter la proportion ; on servit, on se sucra à sa guise, et le café pris, chacun reporta un ou deux morceaux de sucre dans le sucrier, qui à peu près vide, se trouva rempli de moitié du sucre restitué.

Si maintenant nous posons le calcul sur la livre de café tout brûlé, au lieu de 52 tasses, c'en est 64.

Mais comme il se trouve de l'inégalité dans les tasses dressées sur un cabaret, et qu'il y a des tasses trois-quarts, des demi-tasses, et ces dernières font la portion assez ordinaire des femmes, on finira par trouver une diminution de 60 tasses par livre de café brûlé. Que l'économie domestique ferme l'oreille à toutes réclamations INTÉRESSÉES sur ces proportions, et qu'elle tienne pour constant que du café 4—8 est de très-bon café ; en sorte que si c'est une maîtresse de maison ou un domestique soigneux et fidèle, le café 4—8 sera celui de l'économie nouvelle, sur-tout pour ceux qui en prennent plusieurs fois le jour.

D'ailleurs nous avons indiqué d'autres proportions pour du café de plus grande force, les 4—7, les 4—6, les 4—5 ; quant aux 4—4, c'est-à-dire mesure pour tasse, quoique dans nombre de tables ce soit la proportion, je ne conseillerais à personne de l'adopter et de prendre le café à ce degré de force, sur-tout fait par notre procédé qui lui conserve tous ses principes solubles, dont les autres procédés l'appauvrissent.

Café de 4—10 ou 12.

Les grands preneurs de café, ceux qui, voulant soutenir la longueur du travail, de la veille, vont jusqu'à dix ou douze tasses par jour, doivent le faire encore plus léger, et de quatre, dix ou douze. Un de nos plus grands et de nos plus aimables poëtes, pour qui le café est l'eau de l'hypocrène, a pris dans une journée une cafetière de douze tasses ; non du café 2—12, mais 12—12, et je lui ai entendu plaisamment reprocher, par son Antigone, d'avoir fini par *prendre du marc. Que de rayons du soleil !* A cette proportion le café a peu de corps, mais il est parfumé, sur-tout s'il est récemment infusé ; c'est une tisane de café : en Allemagne, beaucoup de savans et de gens de lettres le prennent ainsi étendu, en ajoutant dans celui du matin, un filet de lait ou de crême, et de préférence un jaune d'œuf frais. C'est une boisson aussi salutaire qu'agréable.

RÉSUMÉ SUR LA CONFECTION DU CAFÉ.

Résumons-nous sur la confection, sur la préparation du café.

Prenons pour exemple, le café 4—4 :

Sur les quatre mesures de café, foulé, comprimé le plus possible avec le fouloir, on versera en une fois, les cinq tasses d'eau chauffée de cinquante à soixante degrés, la fraicheur du vase et le tems qui s'écoule avant la filtration, font bientôt tomber la chaleur. Vers la fin de la filtration, l'eau ne s'écoule plus que tiède, et c'est un avantage, puisqu'alors elle ne peut pas dissoudre nos arrières-principes.

Les quatre tasses écoulées, la cinquième est absorbée par le marc; séparez ces quatre tasses.

Thé-levé.

Le limonadier donne le nom de *thé-levé* à son marc rebouilli. Nous allons faire notre *thé-levé*, mais sans ébullition.

Versez sur ce marc, cinq tasses d'eau chauffée; c'est notre thé-levé pour le café du lendemain, et jetez ce marc; il n'a plus rien à donner qu'amertume, astriction, empyreume.

Nous ne ferions pas un thé-levé sur le café infusé à l'eau bouillante; on a vu qu'il était épuisé dès la cinquième tasse.

Les cinq tasses de notre thé-levé, vous les ferez chauffer le lendemain pour les verser sur le café nouveau.

Ce thé-levé n'est pas agréable au goût, mais il donne encore un peu de principe gommeux et au caféomètre il marque un quart de degré; le peu d'arrières-principes extraits se trouvent masqués par l'arôme du nouveau café, auquel le thé-levé donne plus de corps, plus de couleur, deux qualités que l'on recherche, et que quelques palais ne sacrifieraient pas à plus de légèreté et de finesse de goût.

DE L'INFUSION DU CAFÉ

A L'EAU FROIDE (1).

Les mêmes proportions de café et d'eau : cinq mesures pour neuf tasses et un peu plus, dont huit s'écouleront, et le surplus demeure absorbé par le marc.

On a versé les neuf tasses d'eau froide ; le café bien comprimé pour que la filtration fût bien lente.

Voici la pondération de chaque tasse.

Tasses.	degrés.	huitièmes.	
1	1	4	les 5 tasses 4 deg. 5 huit.
2	2	2	
3	»	7	
4	»	4	
5	«	3	
6	»	2	les 8.....à 1 deg. 2 huit.
7	»	2	
8	»	2	

Voilà donc pour le café à l'eau froide, neuf degrés deux-huitièmes ;—pour celui à l'eau chaude, sept degrés cinq-huitièmes ; — pour celui à l'eau bouillante, six degrés un-huitième. Celui par ébullition donne à peu près le même poids ; mais auquel contribuent les principes gommeux dissous, moins abondans par l'infusion.

---

(1) C'est sur cinq tasses que se sont faites les premières expériences.

Cette comparaison de pondération prouve évidemment contre l'action du calorique; elle prouve que si l'eau bouillante dissout les principes en plus grande abondance, c'est pour bientôt les altérer, les décomposer, ce qui est facile à concevoir de principes déjà modifiés, atténués par la torréfaction, et qui sont dès-lors moins en état de résister à leur dissolution à grande eau et à l'action plus ou moins vive du calorique.

Les sens vont être parfaitement en harmonie avec notre proposition; ils retrouveront les principes, en quelque sorte, vierges. En effet, si nous interrogeons nos sens, le café infusé à froid, a la robe moins foncée, c'est celle capucine claire; à l'odeur, c'est tout l'arôme du café; au goût, il a une légère amertume, mais agréable et parfumée. Ce caractère appartient essentiellement au mélange des cinq premières tasses, et bien plus particulièrement à celui des deux premières qui est vraiment balsamique, c'est ici la quintessence du café. Pendant deux minutes on a la bouche embaumée, et long-tems après on en ressaisit la saveur à l'aide de la plus légère expression des papilles : comparé avec du café ordinaire, il y a bien quelqu'analogie, mais rien de plus.

Ainsi préparé, le café demande peu, mais très-peu de sucre.

Pris froid, il est infiniment agréable, et l'habitude de ce café le rendrait, pour beaucoup de personnes, préférable à tout autre, car l'habitude est tout pour les goûts, et sur-tout pour ceux de convention.

Mais observons que le café se prend très-chaud ; il semble que l'estomac le veuille pénétré d'un excès de calorique. En effet, les personnes les plus indifférentes sur le degré de chaleur de tout autre aliment, même du potage, exigent que le café soit brûlant, et rien ne désespère un amateur, comme du café qu'il puisse boire sans un peu d'hésitation. D'ailleurs nous établissons la nécessité de le réchauffer.

Si le café a besoin du *réchauffé*, c'est sur-tout celui-ci, qui n'a pas éprouvé l'action de la chaleur. Il faut conséquemment le mettre au bain-marie, et fermer herméthiquement le vase. Ce mijotage prolongé pendant douze à quinze minutes, combinera les principes, en quelque sorte, épars dans le café à froid, lui donnera le velouté, le *mâcher* que le feu seul donne ; car enfin ce café doit différer, à quelqu'égard, de celui fait par les procédés tout opposés.

AVANTAGES DE L'INFUSION DU CAFÉ A FROID.

Café du Célibataire.

Voyons les avantages qu'on peut retirer du café fait à froid, et tous les soins qu'il va éviter au célibataire, et il en existe à Paris un assez grand nombrer.

Le soir en se couchant l'on peut préparer son café, et le trouver fait le lendemain à son lever.

Deux mesures de café bien foulé et deux tasses d'eau, voilà les proportions ; on passera trois ou quatre cuillerées d'eau sur le marc, pour lui enlever le café tout fait qu'il retient, et on aura ses deux tasses de café qu'il ne s'agit plus que de faire chauffer à la flamme de l'esprit-de-vin, ou à celle d'une lampe de quinquet. Nos petits appareils de porcelaine ont leur lampe à l'esprit-de-vin.

On peut aussi faire un *thé-levé* en versant sur le marc les deux tasses d'eau, froide ou chaude, qui doivent servir au café du lendemain.

Café du Voyageur.

Y a-t-il rien de pire qne le café de grande route, quand bien même il serait fait avec du café; à plus forte raison quand on lui marie de la chicorée? c'est une des fortes contradictions de l'homme qui voyage; avec du bon café on passe sur les mauvais soupers.

Mais s'il faut payer ses jouissances de quelques soins, ne multiplions pas ces derniers, les voyages n'en entrainent déjà que trop. Le voyageur n'emportera pas notre appareil de porcelaine; substituons-y un appareil plus simple et plus commode. Voici celui qui lui est destiné, et que j'ai engagé un de nos plus habiles artistes de Paris, M. *Motiez*, rue du Jardinet, à construire.

On trouvera également cet appareil pour voyage, à la manufacture de M. *Nast,* rue des Amandiers, faubourg Saint-Antoine.

Cet appareil consiste en un cylindre de porcelaine, à pleine ouverture, que ferme un opercule de crystal dont l'adhérence bouche hermétiquement l'orifice à l'aide d'une vis de pression assujettie sur le rebord du cylindre ; idée ingénieuse que cet artiste avait appliquée à l'appareil de désinfection guytonienne ; un diaphragme de porcelaine percé de trous est destiné à recevoir le café et le tenir suspendu dans le liquide.

On conçoit que deux minutes données à la préparation de son café, sont tout ce qu'elle exige de tems. Le matin, avant de monter en voiture, on met ses deux mesures de café dans le diaphragme et ses deux tasses d'eau froide ou chaude ; on pose l'opercule, on serre la vis, et on place l'appareil dans la voiture dont le mouvement aura promptement opéré la solution des principes du café.

Arrivé au relais, on dévisse l'opercule, on enlève le diaphragme, on verse dessus le marc quelques cuillerées d'eau pour lui enlever le café fait qu'il retient et qu'on mêle avec celui de l'infusion. Reste à le faire chauffer, ce qui suppose une cafetière, une tasse et sa petite provision de sucre ; car il en faut peu.

Café chargé.

Nous ne quittons pas souvent le voyageur, surtout celui pour qui le café est un besoin : celui qui voyage digère mal, et conséquemment mange peu, boit peu et dort plus mal encore ; le café est sa principale ressource. J'ai voyagé, *et non ignarus mali miseris succurrere disco ;* je me rappelle même avec reconnaissance une tasse de marc qu'une servante de la poste me donna à un relais de nuit; mais depuis j'ai constamment emporté ma provision de café fait. Evitons au voyageur l'embarras de s'occuper journellement de la préparation de son café, sur-tout s'il voyage avec rapidité, et qu'il ne puisse pas vaquer à un soin pareil.

Le voyageur peut donc emporter du café fait, mais assez chargé en partie extractive, pour qu'une tasse en représente quatre : alors une pinte de ce café divisée en plusieurs flacons, lui procurera 32 tasses en le coupant avec trois-quarts d'eau bouillante.

Sirop de café.

On peut convertir ce même café double en un sirop fait à froid, et je ne connais pas de préparation plus savoureuse; nul sirop, nuls sorbets les plus agréables au goût, n'ont cette suavité; c'est plus que le parfum et la saveur du café, parce que l'un et l'autre sont ici rapprochés sous un très-petit volume : quelques gouttes de ce sirop laissent pour long-tems dans la bouche tout ce que le café a de balsamique (1).

Rien de plus simple que la préparation de ce café, et elle peut entrer dans le domaine de l'économie domestique.

---

(1) Je crains fort que ces détails de sensualité ne me donnent place dans un certain Almanach, et c'est un honneur que personne ne mérite moins que moi; éducation et goût m'ont rendu d'une grande sobriété, et je ne me permets ces raffinemens que pour le compte de ceux qui y attachent leur jouissance : il faut aimer l'humanité avec ses défauts, et le plus léger de tous c'est la sensualité.

Préparation du sirop de café fait à froid.

Prenez six mesures de café ;

Sept tasses et demie d'eau.

Séparez la première tasse :

Ecoulée, elle donnera au caféomètre, de cinq à six degrés.

La tasse contient quatre onces de liquide.

Faites-y dissoudre quatre onces de sucre, et vous aurez le sirop de café, c'est-à-dire, de l'ambroisie.

On peut convertir en sirop les deux premières tasses ; mais la seconde est déjà bien affaiblie de degrés ; cependant ce serait encore un excellent sirop.

On conçoit que le surplus de tasses écoulées, fera encore du café préférable à nombre de cafés qu'on rencontre par fois, et sur-tout à du café par ébullition. Enfin, de l'eau chaude versée sur ce marc fera un thé-levé ; en sorte que l'économie domestique n'aura qu'un léger sacrifice à faire, en prélevant la première tasse destinée à notre sirop de café (1).

Des propriétés du café à froid.

L'ANALYSE nous a dit que l'eau froide dépouille le café de ses principes immédiats les plus solu-

(1) En Angleterre, les amateurs de café font une provision de sirop de café qu'ils mettent en bouteilles, et qui sert à la consommation de toute l'année.

bles, du peu de tanin qu'il contient, d'une partie de son extractif, de son arôme, et qu'elle ne lui enlève qu'une faible portion de son acide gallique et de sa gomme.

Celui fait avec l'eau chaude de cinquante à soixante degrés ne diffère guère du café à l'eau froide, il en partage les propriétés à un peu moins d'arôme près; mais dissolvant un peu plus du principe gommeux, il a plus de corps, il a aussi plus de couleur : ce sera au goût à prononcer sur la préférence à donner au café fait par l'un ou l'autre procédé. S'ils contiennent un peu de résine, elle s'en sépare au réchauffé ; au moins ne contiennent-ils point d'arrières-principes qui en altèrent le goût et les propriétés ; arrières-principes, je le répète, qu'extrait la décoction et même l'eau bouillante, tout en détruisant les principes les plus solubles.

Disons qu'il n'y a que le café ainsi préparé à l'eau froide, ou simplement chaude, qui jouissant de toutes ses propriétés, soit digestif, excitateur, réjouisse l'estomac et récrée le cerveau. Ne changeons point ces expressions reçues, elles peignent ses effets.

Je suivais mes expériences sur le café, lorsqu'un homme qui fournit avec distinction une carrière honorable, entre ; le parfum du café, ce joli appareil de porcelaine lui apprit ce dont je m'occupais. Nous parlons café, il en est amateur ; je lui en propose une tasse ; on la fait chauffer au bain-marie et on la lui sert : il le respire, et il

en est embaumé ; il examine sa robe, elle est superbe de couleur et limpidité.

L'odorat sert le goût, et l'œil sert l'odorat.

DELILLE.

Il le prend : « ce café, dit-il, me fait une im-
» pression toute particulière ; il me récrée l'esto-
» mac et le cerveau. » Au bout de quelques instans il se lève, se promène, et ajoute : « Il y a quel-
» que chose d'électrique dans ce café-là : il y a
» des idées intellectuelles, et c'est le café que je
» prendrais si j'avais à improviser un discours. »

On conçoit tout le cas que je dus faire d'un pareil suffrage. Je pris mon manuscrit qui était sous ma main, et je communiquai à notre amateur cette partie de l'article sur les propriétés du café qu'il venait de ratifier si complètement.

C'est ce café-là qui devient un remède héroïque dans nombre de circonstances. Le médecin dont j'ai parlé, a récemment administré, dans un accès de fièvre, une tasse, la première écoulée, de café infusé, sinon à l'eau froide, au moins à l'eau simplement chaude ; et il a coupé l'accès subitement sans retour : une tasse de café par décoction n'eût pas produit cet effet, et ce médecin en était bien convaincu.

C'est ce café que la médecine prescrirait à celui qui, ayant fait un usage habituel du café, ne pourrait plus en obtenir de salutaires effets, dans les maladies et les affections où il serait indiqué ; c'est enfin, je l'ai dit, le café du général d'armée, un jour de combat ; de l'orateur, près de monter à la tribune ; du poëte, en saisissant sa lyre ; du musicien, en se plaçant à son piano ; du peintre, mettant la dernière main à son tableau.

Du marc de Café infusé à froid.

On supposerait, avec quelque vraisemblance, que le marc du café infusé à froid doit donner plus que celui qui, ayant bouilli, est remis à bouillir ; mais l'eau froide l'a complètement épuisé de ses principes solubles, ce que prouve le caféomètre ; aussi l'ébullition n'en extrait-elle que des arrières-principes qui sont à peine pondérables, et c'est ce marc dont l'ébullition exige tant de tems, tant de combustible, mais sur-tout tant de sucre, pour parvenir à voiler son amertume et son déboire, car on ne corrige ni l'un ni l'autre ; jamais calcul ne fut donc moins économique que cet emploi du marc rebouilli ; c'est une de ces vérités dont il faudra que les limonadiers se pénètrent pour leur intérêt, ainsi que pour celui du public ; mais nous parlerons du café des Cafés.

Du café au lait et à la crême.

Bien s'en faut que le café au lait et à la crême partage les propriétés du café à l'eau. Autant ce dernier est *l'ami* de l'estomac, autant le premier l'est peu.

Le lait ainsi que la crême conviennent rarement aux adultes, et sur-tout aux femmes dont les fonctions digestives sont si souvent en défaut.

Aussi pour dix qui usent impunément de ce déjeûner, il y en a cent qu'il incommode habituellement. Il pèse sur l'estomac, cause de l'altération, donne des aigreurs, le mal de tête s'en suit; et le déjeûner est rarement digéré au moment de se mettre à table. Une des indispositions auxquelles le sexe est assez généralement exposé, tient le plus souvent à l'usage du café au lait, et le quitter en devient le remède. Un médecin convaincu de la fâcheuse influence du café au lait, pour le sexe, prétendait, à l'inspection du teint d'une femme, pouvoir prononcer sur l'usage qu'elle faisait du café au lait.

Mais ce n'est point le café qu'il faut accuser, c'est son mêlange avec le lait. En effet, une dame qui aime fort le lait, et à laquelle il réussit bien, peut en prendre impunément, et elle en fait souvent son déjeûner à la campagne; elle peut également prendre séparément, une heure avant ou après une tasse de café à l'eau qu'elle aime; mais si elle mêle lait et café, il s'en suit une sorte d'indigestion.

Il est de fait, que ce n'est pas impunément qu'on ajoute à son café de l'après-dîner, ce léger nuage de crême qui le rend si agréable. Pour beaucoup de personnes, ce filet de crême atténue l'effet digestif du café, et elles ne se le permettent pas.

Qu'on ne dise pas que ce soit un caprice de l'estomac; ce phénomène d'indigestion ou de la mauvaise digestion habituelle du café au lait s'explique chimiquement.

Le lait ne passe qu'autant qu'il caille dans l'estomac, c'est un des attributs de sa digestion; les jeunes animaux, le veau qu'on tue à l'instant où il vient de teter, offre une *caillette*, c'est-à-dire, le lait qui s'est caillé en tombant dans l'estomac; le lait que les enfans rejettent est *caillebotè*, il n'est pas caillé; leur estomac pêche alors par l'absence des sucs digestifs faits pour opérer la coagulation du lait.

Ce principe établi, que le lait, pour digérer, doit se cailler dans l'estomac, nous allons en tirer une conséquence de l'indigestion qui doit résulter de son mêlange avec le café, d'après la propriété qu'a le café mêlé au lait ou à la crême, d'en éloigner la coagulation; en effet, du lait, de la crême qui, pendant l'été se seraient, l'un coagulé, l'autre aigri en douze heures, se conserveront pendant plusieurs jours s'ils sont mêlés: c'est ainsi qu'un mêlange de crême et de café ne subit nulle altération, et peut même se réchauffer au bout de trois ou quatre jours.

Les personnes dont le café à la crême fait le déjeûner habituel, et qui, en été, sont si souvent exposées à voir leur crême aigrir ou tourner au plus léger degré de chaleur, pourront profiter de cette observation.

Du Café au jaune d'œuf.

Tel est l'empire de l'habitude que beaucoup de femmes, convaincues des mauvais effets du café au lait, ne se décident point à y renoncer; substituons-y un mêlange au moins aussi agréable, et qui n'a aucun des inconvéniens du café au lait, c'est le mêlange d'un jaune d'œuf frais, d'une tasse de café, d'une tasse d'eau et de sucre.

On met dans un vase le sucre et le jaune d'œuf: on verse peu à peu le café: on agite le sucre dissous et le jaune d'œuf bien délayé; on ajoute sa tasse d'eau et on met au bain-marie: on continue d'agiter avec la cuiller pendant que le mêlange chauffe, de peur qu'il ne se coagule, ce qui ferait une crême consistante au café.

La femme valétudinaire, ayant des dégoûts et aimant conséquemment la variété dans ses alimens, peut ajouter à ce mêlange une pincée de fleurs d'orange pralinée et pulvérisée, de l'eau de fleurs d'orange, du sucre vanillé; enfin, tel aromat qui lui conviendra.

Café amandé.

Un mêlange infiniment agréable, c'est celui de café et de sirop d'orgeat, ou mieux encore d'une émulsion faite exprès, et auquel on ajoute, comme dans le mêlange précédent, un aromat. Ce mêlange fait un excellent sorbet pour glacer. C'est, encore une fois, dis-je, pour le valétudinaire que j'entre dans ces détails; je ne me les permettrais pas pour la sensualité; mais quand on vit avec les malades, et qu'on sait compâtir à leur situation, plus affligeante dans la convalescence que dans la maladie; quand on a été le témoin de ces dégoûts qui semblent tout appéter pour tout rejeter; de ces maussaderies de l'enfance, des larmes qu'elle répand en voulant et

Martinique de qualité très-inférieure, qui, fait par ébullition, donne un goût, une odeur ligneuse, celle du chêne (1), une forte amertume, point d'arôme, foncé en couleur, et ne s'éclaircissant pas.

Ce café, fait par infusion à l'eau bouillante, a peu différé de celui par ébullition, quant à l'odeur et à la saveur du chêne.

Mais fondé à croire qu'une moindre intensité de calorique donnerait des résultats tout différens et un café beaucoup meilleur, j'ai fait l'infusion à l'eau chauffée de quarante à cinquante degrés, l'amélioration a été sensible.

Enfin, je l'ai fait à l'eau froide, l'infusion n'avait plus qu'une légère et agréable amertume, et tout l'arôme du café. L'infusion le reportait au niveau d'un café de qualité bien supérieure ; il n'y avait pas eu ici dissolution des principes désagréables qui prédominaient dans les expériences précédentes ; les quatre produits comparés, mais sur-tout le dernier, présentaient ceux de cafés divers.

---

(1) Cette saveur de chêne, quelquefois une odeur aromatique qui tient aux vulnéraires, une astriction marquée, sont les caractères qui distinguent les cafés, désignés par le nom de *mariné*. Cet effet a lieu lorsque les cafés sont récoltés avant parfaite maturité, ou que, mûrs, ils ont été emballés avant leur parfaite dessiccation ; car la dessiccation en opérant l'élaboration, la dernière combinaison des principes, est une maturité secondaire indispensable à tous les fruits. Enfin cet effet a lieu si le café reprend de l'humidité dans la cale du navire. J'ai vu du café détestable qui, oublié pendant cinq ou six ans au grenier, était devenu excellent.

Quelle différence donc du même café par ébullition, ou par infusion à l'eau bouillante, à l'eau chaude, et cette même infusion à l'eau froide ! Cette expérience-ci prouve que son amélioration est en raison inverse de l'intensité de chaleur de l'eau, et elle confirme les principes admis.

Suivons la manière dont le limonadier fait son café : il le brûle trop, disons-nous, parce qu'alors la couleur en est plus foncée. Il fait bouillir le marc ; et 50 tasses de cette exécrable eau de marc, qui donne zéro au caféomètre, voilà le véhicule des 50 tasses de café nouveau ; le café se fait dans de grandes cafetières à large ouverture, et est mené à gros bouillon ; il est un quart-d'heure en pleine ébullition ; avant que le flot de sa mousse soit abaissé, et que son bouillon soit réglé, il a déjà perdu tout son arôme ; cette longue et sévère ébullition a détruit une partie des principes solubles, et ce sont les arrières-principes, l'amertume, l'astriction, l'empyreume qui dominent.

Ce café fait dans des vaisseaux de fer-blanc dissout le fer. Ce n'est pas dans le moment où il vient d'être fait qu'on s'aperçoit de la coloration et du goût métallique ; mais le café va séjourner dans la cafetière, et passer successivement dans des cafetières de moindre capacité, pour ne pas demeurer en vidange, et ira toujours dissolvant le métal ; ainsi donc malheur à celui qui, le soir, a besoin d'une tasse de café ; fait six heures à l'avance, ayant à peine quitté le feu, et point la cafetière, on lui sert un liquide d'une teinte noire, sans arôme, il l'a perdu tout entier pendant sa longue ébullition et cette continuité de chaleur; c'est un mélange de saveur amère, empyreumatique, astringente, à laquelle succède un goût très-prononcé de fer; il en est à peu près saturé. Tel est sans exagération le café du soir qu'on trouve dans nombre de Cafés de Paris; passable aux époques de la journée destinées à le préparer, il est détestable quelques heures après, quoique fait, je le répète, souvent avec de bon café.

Mais qu'est un café auquel on ajoute de la chicorée ?

De la préparation du café des Limonadiers.

De cent manières de faire une chose, il n'en existe qu'une de la faire strictement bien. Cela est vrai sur-tout pour le café, et cette manière nous l'avons prescrite : or puisque l'infusion est la seule dont on obtienne de bon café, il faudra bien que les limonadiers se décident à l'adopter. Le goût du public, je le répète, les y contraindra dans le cas où leur intérêt mieux entendu ne les y déterminerait pas.

Je n'entrerai point ici dans le détail des quantités respectives d'eau, de café, de prix; je les ai donnés pour l'économie domestique. Je passe au procédé de préparation en grand du café.

ne voulant plus tel ou tel mets; ces ressources alimentaires ont leur prix, sur-tout si la diététique les avoue.

Revenons maintenant au café à l'eau et aux motifs qui se réunissent, pour l'adoption des procédés indiqués.

Des motifs de préférence à donner au café par infusion.

Si on en excepte la vieillesse qui, sans examen, éloigne d'elle toute innovation, l'opinion sera promptement fixée sur la préférence à accorder à l'infusion, telle que nous la prescrivons, sur tout autre procédé; cette préférence lui est assignée par l'analyse, la théorie, l'expérience, les sens, le premier juge en fait de goût, enfin, par l'économie domestique qui y trouve :

Economie dans la proportion du café, puisque cinq mesures de café donnent six tasses de café très-fort; sept de café fort, et à la rigueur huit de café bon et ayant du corps.

Economie de sucre; elle est du tiers au quart, sur la proportion qu'exige le même café par ébullition.

Economie de tems; indépendamment de celle des soins indispensables par les autres procédés.

Economie de combustible; quant à cette économie, je laisse nos économistes de l'Allemagne, calculer ce qu'à sept heures du matin, dans l'Europe entière, ou plutôt dans les quatre parties du monde, il s'allume de feux pour faire le café par ébullition, et ce qu'en été on rallume de ces feux pour faire rebouillir le marc destiné au café du lendemain.

Economie sur le prix du café ; car il est vrai que la médiocrité de tel et tel café si sensible à l'ébullition, disparaît par l'infusion à chaud, et sur-tout à froid.

Les propriétés d'un café qui n'a extrait que les principes les plus solubles, sont nécessairement beaucoup plus énergiques que celles d'un café que l'ébullition a épuisé de ces mêmes principes.

Ce procédé assure une telle uniformité dans les résultats, que par-tout on prendra d'excellent café et toujours le même. Dès-lors les domestiques ne seront plus exposés à cette question si ordinaire des maîtresses de maison : *Le café est-il bon?* Et le plus souvent à ces reproches fondés : *Le café est moins bon qu'à l'ordinaire : le café est mauvais. Voilà du café détestable ;* ce qui est quelquefois vrai. Il ne peut plus être que bon, même, on le répète, avec un café de médiocre qualité.

Enfin beaucoup de maîtresses de maison, qui vraiment ne peuvent pas faire le café, tel qu'il se fait par ébullition, en adoptant notre procédé, le prépareront elles-mêmes ; car il faut avouer que l'infusion à l'eau bouillante entraîne encore beaucoup d'embarras, moins en hiver, mais bien en été, où il faut apporter l'eau bouillante ; et malgré celle qu'on met dans le bain-marie pour entretenir la chaleur du café, souvent il n'est pas assez chaud au moment de le servir; de plus, cette machine de fer-blanc fait disparate sur une table de porphyre ou d'acajou, couverte de belles porcelaines, de cuillers de vermeil et d'un sucrier qui fait ornement : un beau vase de porcelaine serait plus en harmonie; enfin, ce n'est pas à table, ce n'est pas au salon que se fera le café : de l'eau chaude, et le degré de chaleur n'est pas rigoureusement exigé, versée sur le café, il se fait tout seul; on a toute la matinée; c'est l'affaire d'un moment, et le réchauffer est celle d'un quart-d'heure.

Beaucoup de femmes, par état étrangères à tout autre détail de l'économie domestique, des hommes même qui, livrés aux lettres et aux sciences, rougiraient de s'adonner à ces détails, se font un délassement, attachent même une sorte d'importance à la préparation de leur café; ils ne descendraient pas à leurs caves; leur bibliothèque de liqueurs est confiée à tout autre, mais leur café ils le font eux-mêmes, et l'audience que ces amateurs de café donnent au moment où ils le préparent et le prennent est constamment très-aimable; l'homme de lettres a plus d'esprit, le savant est plus communicatif.

Celui qui attache beaucoup d'importance à la préparation de son café, et qui est disposé à ne négliger aucun des petits détails qui peuvent ajouter à l'agrément de cette boisson, humectera la veille au soir son café de la quantité seulement d'eau froide ou de *thé-levé* que le marc doit absorber; en sorte que le lendemain matin il n'aura que le surplus de son thé-levé à chauffer et à verser; la filtration sera moins lente en raison de cette humectation préalable et l'extractif se trouvera tout dissous. Voilà l'*ultimatum* pour les préparations du café ; du reste on peut s'en rapporter aux amateurs pour saisir toutes les petites nuances de perfection. Il n'y a plus qu'à le réchauffer au bain-marie (1).

Franklin qui savait, je ne dis pas descendre, mais s'élever à nombre de détails de l'économie domestique, et qui préparait si soigneusement son thé, aurait préparé lui-même son café, ainsi que *Voltaire*, *Fontenelle*, et même *Frédéric*, si de leur tems la préparation en eût été réduite à cette extrême simplicité : *verser de l'eau froide ou chaude sur du café*, parce que c'est à cela que cette préparation se réduit.

Un joli appareil de porcelaine, un procédé aussi simple, ne tarderont donc pas à faire rentrer le café dans le domaine exclusif de nombre de maî-

---

(1) Parlons un peu du bain-marie : c'est un ustensile très-utile dans l'économie domestique, pour chauffer les alimens légers de l'enfance et sur-tout des malades, les bouillons, les boissons, etc., et cet ustensile on ne l'a pas. J'en ai donc fait faire qui remplissent complètement leur objet, et on les trouve chez *Schuldres*, chaudronnier, rue des Francs-Bourgeois, place Saint-Michel. C'est une cafetière de cuivre étamé, à trois pieds, faisant ventre et en forme de poire à sa base ; une seule tasse d'eau suffit pour chauffer rapidement le vase d'argent ou porcelaine qu'on y pose à cet effet ; vase qui doit boucher exactement par sa capacité l'orifice du bain-marie. L'eau en vapeur chauffe plus que l'eau en bain. On jette son bain-marie à travers les charbons, la flamme, l'eau bout à l'instant, et on y plonge son vase.

tresses de maison, et ce sera encore ajouter à la jouissance du chef de famille et de ses amis; on pourra lui appliquer ces vers de *Delille* :

Trésor de son ménage et cher à son époux,
La mère a des emplois moins graves et plus doux.

et si elle associe sa fille à ces soins domestiques, on y ajoutera ce tableau honorable :

L'une et l'autre président au luxe de la table ;
Le café, par leurs soins, coule plus délectable.

Café de Chicorée.

On ne peut parler du mêlange de la chicorée et du café que pour le proscrire; d'ailleurs, ce qu'on vend dans le commerce comme *chicorée*, n'est pas cette *racine torréfiée et pulvérisée ;* c'est un composé de grains soumis à la torréfaction dans lequel entre ou non la chicorée. Il se vend cependant par jour, dans Paris, des milliers de livres de ce faltrank. Son infusion est la chose la plus détestable au goût. Ce mêlange altère le café plus ou moins, selon la proportion dans laquelle il y entre. L'usage peut le rendre tolérable; mais ce qu'il y a de certain, c'est que pour beaucoup de gens ce café devient purgatif (1).

---

(1) On a publié dans plusieurs Journaux que le pepin de raisin et celui de groseilles, séchés, torréfiés et infusés comme le café, pouvaient le remplacer pour le goût et les propriétés. Nous avons répété ces procédés, et nous croyons que celui qui les a publiés ne savait nullement distinguer les saveurs. Rien n'est plus plat au goût.

On substitue à l'arôme si fugitif de l'œillet celui du girofle ;

Revenons au café des Cafés pour y substituer notre procédé.

DU CAFÉ DES LIMONADIERS.

L'ART du limonadier est perfectionné, si on en excepte la préparation du café. Liqueurs chaudes, chocolat, sorbets, glaces, liqueurs fines[1], tout cela est bien fait; il n'y a que le café qui le soit généralement mal, ce qui tient à la seule manière de le faire; car beaucoup de limonadiers probes n'emploient que du café de bonne qualité; mais ce n'est pas la condition la plus essentielle; car nous avons vu que du café de médiocre qualité et bien fait donnait de bon café; la proposition inverse est également vraie, puisque les limonadiers font un café médiocre avec de bon café, parce qu'il est mal fait et le plus souvent trop torréfié.

De la médiocrité du Café.

FAIRE de bon café avec du bon café, c'est chose toute naturelle, sur-tout en ne le faisant pas trop mal; mais le point important était de le faire bon avec un café médiocre.

En conséquence, j'ai soumis à une de mes expériences, un café de cette nature; un café

à celui non moins fugitif de l'héliotrope l'arôme de la vanille, etc., etc. : on ne substitue rien au café, parce que nulle plante n'offre la réunion des mêmes principes. C'est pour l'odorat et le goût un *air* dont on ne peut pas déranger une note sans lui faire perdre son harmonie.

DE L'APPAREIL DU LIMONADIER.

L'APPAREIL est un vase de porcelaine ou de faïence terminé en cône, dont la base doit être du tiers de diamètre supérieur. Sur cette base est posé un crible en argent ou en étain fin de Malak, percé et faisant l'office de crible.

Un fouloir en bois avec sa poignée.

Un diaphragme d'argent ou d'étain, destiné à recevoir la chûte de l'eau, sans déplacer le café, à le contenir foulé et l'empêcher de se soulever à la surface de l'eau : ce diaphragme doit être percé de trous pour favoriser l'écoulement de l'eau.

Un couvercle pour s'opposer à l'évaporation de l'arôme.

Enfin un vase de faïence destiné à porter l'infusoir et à recevoir le café écoulé.

Voilà l'appareil : passons à la préparation du café.

Le soir, et c'est alors que le limonadier est moins occupé, il préparera son café du lendemain; ce qui se borne à faire chauffer de 50 à 60 degrés son *thé-levé*, et à le verser sur son café bien foulé ; le café coulera pendant la nuit.

Le lendemain le café se trouvera tout fait.

On le portera à l'entrée de la cave où il se tiendra frais ; on l'ira chercher au fur et à mesure, pour en tenir au bain-marie la quantité suffisante pour le moment du service. A toute heure du jour le bain-marie tenu au feu, on aura du café très-chaud et très-bon ; mais qui perdrait infiniment si c'était dans des cafetières de fer-blanc qu'on le maintînt chaud.

Combien cette opération simplifie la matinée du garçon de laboratoire ! Levé , il a son marc à faire bouillir, à laisser reposer, à tirer à clair pour le faire rebouillir, et faire son café du matin qui bouillira encore pendant un grand quart-d'heure. Que d'ébullitions ! que de bois consumé ! que de tems perdu ! que d'impatience de la part du déjeûneur matinal , dont on se débarrasse en lui versant une tasse de café de la veille ou de cette détestable eau de marc ! enfin quel méchant café, quoique fait avec de bon café ! Voilà le café du matin ; le lait, la crême répareront un peu sa médiocrité.

A deux heures c'est la même répétition pour le café de l'après-midi : ici plus de lait , plus de crême ; il faut le prendre comme il est. Or le café infusé sera le même à six heures du matin et à dix heures du soir.

Offrir à l'Economie domestique un procédé pour la préparation du café le meilleur , le plus salutaire et le plus économique , c'eût été préjudicier au commerce du limonadier dont le café est certes le plus économique , sans avoir les deux autres qualités, bonté et salubrité : or il ne pouvait pas entrer dans mes vues de nuire à une classe nombreuse de chefs de famille , parmi lesquels il se trouve des hommes très-honorables. Un sentiment de bienveillance a donc dû diriger vers eux mes premiers pas , et me faire désirer qu'ils devinssent les dépositaires de cet art nouveau. En conséquence, mes expériences faites, j'ai invité quatre des principaux Limonadiers de Paris à venir en juger les résultats. Ils avaient apporté de leur café moulu et tout fait, tous ont été singulièrement étonnés de la différence extrême de ce même café fait par leur procédé et le mien, de la limpidité, de la couleur brillante, du parfum exquis, de la saveur délicieuse, et de la petite quantité de sucre que ce dernier exige; point d'amertume, point d'astriction, point d'empyreume, arrières-principes qui existent dans le leur, dont tout l'arôme a été dissipé par l'ébullition. On ne s'abandonne point avec plus de bonne foi; tous ont déclaré la supériorité de l'infusion, et j'avais lieu de croite que tous s'empresseraient de l'adopter. J'ai mis à leur disposition un de mes appareils de porcelaine, pour qu'ils répétassent eux-mêmes les expériences.

Cependant au moment où ce Mémoire s'imprime, il n'y a encore qu'un de ces Limonadiers qui ait adopté ce procédé, et ait écarté toutes les petites économies mercantiles qui altèrent la qualité du café, pour le préparer de la manière décrite.. Ce Limonadier est M. *Bossouard*, au Café de l'Aurore, rue Saint-Denis, près le Boulevard.

J'ai communiqué à l'un d'entre eux, homme de beaucoup de sens, ces détails que je venais de rédiger relativement à leur manutention de laboratoire, si pénible et si dispendieuse en bois. En lui lisant cet article il paraissait souffrir; bientôt en effet il m'interrompit, en s'écriant: ah! Monsieur, votre intention est-elle de publier ces détails ? Voici notre dialogue : — Oui. — Mais quel tort ils vont faire aux limonadiers! —Aucun ; j'en serais désespéré ; je prétends, au contraire, bien mériter d'eux ; vous allez vous en convaincre : d'abord ces détails sont-ils exacts ? — Malheureusement, et c'est parce qu'ils le sont que je m'en alarme.

— Eh bien ! j'imprimerai encore cette déclaration d'un de vos confrères le plus en réputation, déclaration qui prouve toute sa bonne-foi, et que voici : « Monsieur, me dit-il, on nous qualifie de » marchands d'eau chaude, mais celui qui jugerait, dans ce moment-ci, de la différence de ce » fait par nos procédés et par le vôtre, quelle » qualification nous donnerait-il ? » Il n'y a que son nom et ma réponse que je n'imprimerai point.

L'économie domestique est une science ; je me suis fait un de ses missionnaires ; la préparation du café méritait de fixer mon attention ; on en connaissait l'histoire, les propriétés, et le café en a de grandes, qui dépendent de la manière de le préparer ; mais un siècle et demi d'usage de cette boisson n'avait pas pu perfectionner l'art de sa préparation, lorsque M. *de Belloy* imagina un procédé simple et ingénieux ; ce procédé est généralement admis dans l'économie domestique, et si l'on excepte deux ou trois cafés de Paris, vous ne l'avez pas adopté ; d'où résulte que les particuliers faisant anciennement leur café aussi mal que vous, par ébullition, le marc rebouilli, il leur était indifférent de le prendre ou chez eux ou chez vous.

Mais aujourd'hui qu'on rencontre assez généralement dans les bonnes maisons du café à la *de Belloy*, qu'on juge infiniment meilleur, on a dû se déshabituer du vôtre, et beaucoup de gens ont fini par le préparer chez eux, au lieu de l'envoyer prendre chez vous. Cette désertion a fait tomber vos maisons, dont le nombre s'est cependant multiplié; je vous offre le seul moyen de les relever et d'y ramener les déserteurs. L'amateur de café fait du chemin pour s'en procurer de bon.

Cependant l'appareil de fer-blanc, le plus généralement admis, présente un grand inconvénient, celui de la dissolution du fer; l'eau bouillante en est également un, sur-tout pour les cafés de qualité médiocre. La chimie, de laquelle tous les arts économiques relèvent spécialement, devait donc s'occuper de celui-ci qu'elle avait négligé; enfin il n'existait pas même d'analyse exacte du café, à une époque où tant de substances ont été analysées.

Voici donc cette conquête de plus que la science a faite, et qu'elle offre à l'économie domestique ainsi qu'à l'économie commerciale.

Vous m'objectez le goût du peuple qui ne pourra pas juger la qualité d'un pareil café, moins chargé, moins coloré. Je conviens que l'homme habitué à faire excès de vin, d'eau-de-vie, à fumer, à chiquer, dont le palais est émoussé, dont la bouche est un cloaque infect, pourra bien être mauvais juge de ce café-là; de même que celui qui est familiarisé aux vins aigres et âpres de Surène, aux vins épais et colorés de tels et tels vignobles, ne saura pas apprécier le vin léger, fin et de belle robe de Bourgogne.

Donnez, si vous voulez, à cet ivrogne du café de chicorée, il s'en contentera; mais croyez que vous ramènerez au café des Cafés beaucoup de gens qui les ont quittés parce qu'ils le prennent meilleur chez eux. Du reste si vous ne faites pas de ce procédé votre affaire, le particulier en fera la sienne, et vous serez forcés de faire plus tard ce que mon zèle provoque dans ce moment de vous, persuadé que votre intérêt en ordonne ainsi.

CONCLUSION.

J'AURAIS pu proposer de substituer au moulin, pour la pulvérisation du café, le mortier et le pilon; mais ne changeons pas les habitudes. Le baron *de Tott* parle, dans ses Mémoires, de la préparation du café en Turquie; on le pile, et ce genre de division mécanique influe essentiellement sur la suavité du café qui, du reste, est assez mal fait; parce que c'est l'ébullition qu'on emploie et qu'enfin on le sert avec le marc. Les outres dans lesquelles on dépose le café brûlé, le mortier dans lequel on le pile, finissent par acquérir, avec le tems, une valeur telle que ces instrumens, valant 9, 15 ou 20 fr., se paient jusqu'à 200 fr. après un service de quelques années.

M. *Olivier*, de l'Institut national, qui a parcouru l'Orient avec tant d'avantage pour le progrès des sciences naturelles, regarde la pulvérisation comme infiniment préférable. J'ai donc dû faire cette expérience, et il est vrai que la trituration au mortier de buis, fait une différence notable, et donne au café plus de parfum.

Je n'ai point à me résumer, d'après les développemens que j'ai cru devoir donner pour faire, de la préparation du café, un art nouveau. Voici donc cette préparation telle que, d'après l'analyse, la théorie l'indiquait, et telle que l'expérience la consacre définitivement. Si le préjugé et l'habitude en croyaient la science sur parole, cette dissertation aurait pu se réduire à ces deux propositions : « Substituer un vase de porcelaine, » faïence ou grès, à tout vase de métal : substi» tuer à l'eau bouillante de l'eau simplement » chaude, et même froide. »

L'Economie domestique ne peut donc qu'accueillir ce nouveau bienfait de la science qui préside à ses jouissances et à sa prospérité. Elle s'empressera d'adopter, sur-tout à l'époque actuelle de ce renchérissement prodigieux du café et du sucre, un procédé qui diminue des deux tiers la consommation de l'un et de l'autre, et qui, par son extrême simplicité, par la facilité qu'il donne de préparer le café à l'avance, fait rentrer sa préparation dans le domaine des maîtresses de maison qui s'honorent du titre de *bonnes ménagères ;* ce procédé sur-tout remplissait, outre la condition de la plus grande économie, celle du café le plus salutaire et du café qui flatte le plus les sens.

FIN.

TABLE.

JOURNAL D'ECONOMIE RURALE ET DOMESTIQUE, *ou* BIBLIOTHÈQUE DES PROPRIÉTAIRES RURAUX, Ouvrage périodique publié régulièrement le premier de chaque mois, par cahiers de six feuilles-in-8°, grande justification, accompagnées de Gravures.

Prix de la Souscription, 24 fr. pour un an; 12 fr. pour six mois; et 7 fr. pour trois mois, franc de port dans tout l'Empire français.

Commencé le 1er Germinal de l'an XI, ce Journal continue de paraître chaque mois. Le 45e Numéro, formant trois années et neuf mois, a été publié le 1er Décembre 1806.

La forme didactique sous laquelle les principales matières de ce Journal sont continuées de numéro en numéro, en rend la collection nécessaire à ceux qui s'y abonnent, et qui doivent y trouver des Traités complets sur divers sujets, tels que *la Connaissance et l'analyse des terres; l'OEnologie, ou l'Art de faire le vin; la Culture de la vigne; les Arbres; les Plantations; le Jardinage; les Engrais; les Principes d'agriculture et de physiologie végétale; l'Education physique; l'Economie animale; l'Economie domestique, etc., etc.*

Les personnes qui désirent avoir la Collection entière du Journal, ou partie de ladite Collection antérieure à leur abonnement, pourront se faire inscrire pour le nombre de Numéros qu'elles veulent se procurer. Elles seront libres de retirer successivement, et de mois en mois, chaque volume comprenant un trimestre dudit Journal, ou plusieurs volumes si elles le veulent, aux prix qui vont être fixés ci-après :

La Collection des 36 Numéros publiés depuis Germinal an XI, jusqu'au 1er Avril 1806, formant 12 volumes in-8°, brochés et étiquetés, se vend à Paris, prise à notre Bureau, 54 fr.

Par la Poste, franc de port, ... 66

Envoyés par la Diligence, aux frais de l'acquéreur, 57 50 c.

Les Numéros 37 à 45, ont été publiés depuis le 1er Avril, jusques et compris Décembre 1806, et forment les premier, second et troisième Trimestres de la 4e année.

L'opinion publique a placé ce Journal parmi les ouvrages les plus utiles; le zèle soutenu et les connaissances pratiques de ses Collaborateurs, justifient de plus en plus la confiance des Propriétaires.

Toutes demandes et envois relatifs audit Journal, et généralement toute correspondance, doit être adressée, *franche de port*, à M. D. COLAS, au Bureau du *Journal d'Economie rurale et domestique*, rue du Vieux-Colombier, N° 26, près la Croix-Rouge, faubourg Saint-Germain.

www.ingramcontent.com/pod-product-compliance
Ingram Content Group UK Ltd.
Pitfield, Milton Keynes, MK11 3LW, UK
UKHW021308190726
13839UKWH00007B/545

9 782329 482392